阳光姐姐成长信箱

做个坚强的好少年

伍美珍 编著

陕西新华出版
未来出版社
·西安·

图书在版编目（CIP）数据

做个坚强的好少年 / 伍美珍编著. -- 西安 : 未来出版社, 2024. 7. -- (阳光姐姐成长信箱). -- ISBN 978-7-5417-7632-8

Ⅰ. B848.4-49

中国国家版本馆CIP数据核字第2024EQ1670号

阳光姐姐成长信箱

做个坚强的好少年

ZUO GE JIANQIANG DE HAO SHAONIAN

伍美珍 编著

出 品 人：李桂珍	选题策划：马　鑫
责任编辑：赵党玲	美术编辑：许　歌
封面绘图：恒　兰	封面设计：王星玥
内文制作：王星玥	印制总监：宋宏伟
发行总监：何华岐	宣传营销：贾文泓　陈　欣

出版发行：未来出版社	社　　址：西安市登高路 1388 号
电　　话：029-89122930 89120516	字　　数：94 千字
印　　刷：西安新华印务有限公司	经　　销：全国各地新华书店
开　　本：880 mm×1230 mm 1/32	印　　张：6
版　　次：2024 年 7 月第 1 版	印　　次：2024 年 7 月第 1 次印刷
书　　号：ISBN 978-7-5417-7632-8	定　　价：29.80 元

人物介绍

阳光姐姐是一位喜欢小朋友、喜欢开玩笑，被好友昵称为“美美”的人；善于用键盘敲故事，用钢笔却写不出一个故事的奇怪的人；在大学课堂讲授一本正经的写作原理的人；在小学校园和孩子们笑谈轻松阅读和快乐写作的人；在杂志中充当“阳光姐姐”，为消解小朋友的烦恼出主意的人；每天电子信箱里都会堆满“小情书”，其内容大都是“阳光姐姐，我好喜欢你”这样情真意切表白的幸福的人；已出版100多本书的“超人”！

一个干瘦的小男生，是兔子的同桌。全校最聪明的男生。所有的搞怪语都是出自他之口。

一个爱阅读的学霸，和咪咪是好朋友。班花级美女，惜城同桌。

就是一个呆呆的胖子，像惜城说的：就是一个早熟的冬瓜。是咪咪的同桌。

聪明的小胖妞，是阿呆的同桌。当阿呆有难的时候，总是拔刀相助。

目录

1 强加的兴趣不快乐

19 最爱的外婆去世了

40 困难压得我喘不过气

59 如果世上没有争吵

76 我的妈妈不称职

95 失去宠爱的宝贝
114 看不见的墙
135 我的妈妈太忙碌
150 钱是天使还是恶魔
169 不属于我的亲情

苦恼来信

来自二胡的酸疼“魅力”

我叫思乐，爸妈为我取这个名字，寓意是希望我永远快乐。

我家经济条件挺好的（不过我也算不上富二代啦），爸爸妈妈经营着自己的公司，虽然工作很忙，但他们从不懈怠对我的教育。我从小就接触了各种各样的兴趣班，课余时间也都被安排得满满当当。有时候，我会觉得自己像是一只闷在玻璃缸里的小金鱼，成天绕着水草和石头，微微透不过气来。

除了爸爸妈妈，我家其他的亲戚们也说，

女孩子不求琴棋书画样样精通，但一定要掌握一门乐器，既陶冶情操，又培养气质，能在艺术的“浇灌”下茁壮成长。

妈妈笑着告诉我，她从小就想学二胡。那时外婆家有一台老式收音机，她不论是写作业，还是帮外婆干家务时，都爱听阿炳拉的那首《二泉映月》。只不过，当时家里没有条件，她只好遗憾地藏起了学二胡这个愿望。

现在我们家的生活条件逐渐改善，妈妈希望我也能感受到二胡的魅力。

可问题是，二胡入手很难，一天练下来，我真是脖颈僵硬，手腕酸痛。而且我觉得吧，我可能不太有天分——我总是记不好音符，那些“小蝌蚪”呀，成天在五线谱上各自游来游去的，搞得我一个头变两个大，眼睛都被搅花了。

这天，我试着跟妈妈商量：“妈妈，我觉得自己太迟钝了，根本就学不好二胡，要不我们跟老师说一下，上完这个学期就不去了吧。”

“谁说你迟钝了？我家乐乐是最聪明的，你要对自己有信心一点儿。是不是老师教得不好啊？妈妈下学期给你换一个班。”我妈真是铁了心了。

我有自己的兴趣

我正准备再补充些什么，她的手机铃声忽然响起来，应该又是工作上的事情吧。

于是我独自待在自己的小房间，打开书页，沉浸在漫画的世界里。看到有趣的地方，忍不住咯咯直笑，而情节催人泪下时，我也会感动得眼眶泛红。

没错，我对漫画世界情有独钟。不论是中国的，还是外国的，我都特别特别喜欢。我佩服柯南的超强大脑；我崇拜丁丁，他可以去全世界冒险；我喜欢中国风漫画里细腻的古代场景和服装……每次看漫画，我的整颗心都激动不已。

“乐乐，过来吃晚饭啦。”妈妈在外面喊我。

“哦，好，马上来！”

我小心翼翼地藏好漫画书，生怕自己的宝藏被爸妈没收。

可能是受漫画书的影响，我也特别喜欢画画。在班上，我一直负责出黑板报，从设计到涂画，我都完成得很好，我是不是很棒呀？老师也夸我很有天赋。只要同学们一对我笔下的风景和人物产生兴趣，围过来看我画画，我都会认为自己像一团彩色的泡泡，开心得快要飘起来了。

可是爸爸觉得，学画画没有未来。

“把画画当成一个兴趣来培养还差不多，你说要当画家，将来靠什么吃饭呢？从事艺术的人都是最清贫的，爸爸不想你去过苦日子。”

于是我压抑着这个梦想，不敢再为自己争取上美术班的机会。其实，我内心对于画笔和颜料的渴望从未减少。

可怜的二胡先生和我

一个学期下来，我在二胡上没怎么进步，成绩还有些倒退。开完家长会回来，爸妈把我叫到客厅里，脸上露出恨铁不成钢的表情来。

“你怎么这样不争气啊，乐乐，爸妈花了这么多钱培养你，不都是为你好，希望你成才吗？”妈妈语重心长地说。

爸爸则神情严肃：“看来我们还是太溺爱你，下学期你要好好跟老师交流，至于二胡，熟能生巧，以后你得勤加练习，不能再任性逃避了。”

我盯着放在桌上的二胡，真是越看越不顺眼，于是拿起它往地上一扔，赌气地说：“我不学了！”

“你这孩子，花了多少钱给你买的！现在你还发脾气了。”妈妈心疼地看着倒在地毯上的二胡，伸手就要去捡，“哎哟，还好有地毯护着，没摔坏。”

“捡什么捡。”爸爸有些不耐烦，埋怨似的对妈妈说，

“都是你惯的，你让她自己捡起来。”

我委屈极了，蹲下身来抱起二胡，拿手绢一点点擦干净。眼泪很不争气，像豌豆从豆荚里蹦出来一样，颗颗滚落在地上。

回到房间里，台灯发出温暖柔和的光芒。

对不起啊，二胡先生，我只是被骂了，都那么难受，我这么摔打你，你一定很痛吧。

我将二胡重新摆好，越想越伤心，伤心极了又开始生闷气。

为我好？我看是舍不得学费打水漂吧！他们两个人总是忙工作，说要挣钱买大房子。我偶尔想找妈妈一起玩，她就让我回屋写作业；爸爸说好带我去游乐园，好不容易兑现了，中途又接到电话召唤，匆匆走掉。

钱钱钱，大人们的脑袋里装的怎么都是钱，要赚多少才能满足？

小美的安慰

第二天放学后，我把我的心事说给好朋友小美听，小美边走边开导我说：“想开点儿吧，乐乐，我想学跳舞，可是爸妈怕耽误我学习，都不让我去报名。”

我知道小美的心愿，每次跟她一起路过舞蹈训练室，她都忍不住来回张望，露出羡慕的眼光。事情落到我身上，又全然变了一个模样。

“可我真的不喜欢二胡呀，我想学画画。你看了最新一集的海绵宝宝吧，我觉得他和派大星活泼又可爱，妈妈却说他们教坏了我。”

“别难受了。”小美伸手在兜里摸了摸，“给你糖吃。”她手心里躺着两颗大白兔奶糖。

我剥开糖纸，感受奶糖慢慢融化在口中，觉得心头一甜：“谢谢你，小美。”

“去我家写作业吗？”小美提议道。

“好啊好啊！”我满口答应，又愁眉苦脸地反悔说，

“还是算了，昨天才开完家长会，要是爸妈看我回来晚了，说不定又要挨骂。”

小美点点头：“那你快回家吧。”

挥别小美，我继续走在回家的路上。

冬天，太阳公公的脚步格外匆忙，路灯照亮马路，我背着书包的倒影被拖拽得很长，显得十分孤单。

要是可以永远待在学校里就好了。我这么想着，垂头丧气，每一步都郁郁寡欢。

他们都说家是温馨的港湾，我怎么觉得自己像海上漂泊的一艘小船呢？爸爸通常是冰山，妈妈时不时变成海啸，而那些兴趣班，就是围绕在我身边蠢蠢欲动的大鲨鱼，我快承受不住了。

为什么非要学乐器，为什么我们要被迫做自己不喜欢做的事情呢？画画真的像爸妈说的那样，注定没有前途？究竟怎么做，他们才能理解我的心意呢？阳光姐姐，你快帮我想想办法吧。

茫无头绪的思乐

惜呆兔咪
圆桌会议

唉，又是个世纪经典难题！
摊上不开明的家长，真是倒霉透了！

奇哉怪也，这个思乐的妈妈，干吗不自己去学二胡，非要女儿去学！明明感兴趣的是她自己吧！
思乐妈妈忙呗，应该没时间吧。
那思乐难道不要忙学习吗？我看根本就是她自己不愿意花工夫，找女儿当了替身去完成心愿吧！看女儿学，还要逼女儿学好，这可比自己学轻松多了！

哇，你说的好有道理，真是一语道破天机！

哈哈哈，你这话要是被思乐妈妈听到，她肯定要气疯了！

在她气疯之前，思乐就要愁死了！这可怎么办呢？

阳光姐姐的回信

哈哈哈，惜城你的思路很奇特哦。不过，在子女身上获得梦想实现的满足感，这还真是家长们的一种奇妙心理。

很多很多家长都会把自己的人生追求加在孩子身上——经商的父母，有时候不希望看到孩子热衷文艺；没有考上理想大学的父母，可能对孩子未来的学历特别看重；自己数学成绩好的父母，无法忍受孩子是个数学白痴……

而孩子们，没得选择，只能听从爸妈的摆布。

或许大家都忽略了一个简单的事实——我们每个人的人生，都是属于自己的。你的长处、你的爱好，都不应该受到他人的粗暴操控。

思乐爸妈的逻辑可真成问题——既然学二胡是为了陶冶情操，不求它成为未来的工作，那学画画不也一样吗？都是为了在艺术中享受乐趣，提升个人气质啊。至于思乐以后会不会走画画这条道路，那也得先学起来，再看她能画到什么地步嘛。既然都是当作爱好，干吗只能学二胡，不能学画画？

所以我建议，思乐现在也不用坚定地想把画画当作未来的职业，毕竟你还小，先将画画摆在兴趣爱好的位置，这样爸爸或许会少一点儿担心。等你长大后，画技足够厉害了，适合走这条路了，再开启自己的人生，不是更好吗？

再退一万步说，倘若爸爸妈妈真的那么不通情达理，等你到了独立的年纪，再开始学你热爱的画画，也不迟哦——只要是我们喜欢的事，无论什么时候开始学习，都不算迟！

当然，我也很想呼吁父母们：多听听孩子们的心声，他们知道自己喜欢什么，这是很可贵的。千万不要扼杀孩子的兴趣，更不要过分担心他们的未来。事在人为，这个世界上有无数个行业，每个行业都可以成功，每个行业也都可能失败。与其早早阻止孩子的脚步，倒不如认真伴他们前行，做他们最坚定的支持者。

成长故事袋

当杰克对着窗外的星空发呆时，一颗梦想的种子落了下来，悄然在他心中发芽。

他觉得今夜的星星格外闪亮，挂在天上像一条无边无际的长河，如果能提笔把这幅场景画下来，通过精致的装裱向大家展示……和别人一起分享美好的东西，总是让人愉悦的。

想到这里,他像吃了苹果派一样，心里甜滋滋的。

可是姑妈推开了他的房门："杰克，你今天练习小提琴了吗？"

"哦，现在太晚了，我明天再练吧。"杰克打开他床边那只漆黑的皮箱，箱中安静地躺着一把精致的小提琴，它有古朴的木质，琴弦如同鲸鱼背脊上拉长的弧线。

杰克的父母因为小提琴结识，继而相爱，二人合作赢得了不少荣誉，最后却在一场事故中双双去世。姑妈认为杰克应该继承父母的遗志，从事小提琴的演奏。

“虽然不能陪伴你长大，可是他们会用音乐爱着你。”姑妈抚摸着乐谱发皱的边角，温柔地对杰克说。

关于爱，杰克有自己的想法。

老鹰爱护雏鸟，是希望它们能够自在翱翔，当鸟儿们羽翼舒展，掠过长空，就像中世纪雄伟的骑士拓土开疆。

每节音乐课上，杰克都会认真拉着他的小提琴，表情一丝不苟。

为杰克授课的老师夸奖他：“杰克，你生来属于小提琴，听这美妙的乐声，像一汪清泉滋润心田。可其中似乎有一种挥之不去的忧郁，你在思考什么，能告诉我吗？”

“老师，我想放弃小提琴，去学画画。”杰克觉得，老师既然听到了他琴音中隐藏的心事，说不定能理解他的这份渴求，并支持他的决定。

可是老师大惊失色，一口否决了他的要求：“不，不，杰克，你怎么能有这么可怕的想法呢？如果你放弃了小提琴，那么将由谁来继承你父母的辉煌？”

“自然会有热爱它的人去继承的。”杰克轻声回答道。

“等你长大你就明白了，杰克。”老师摸了摸杰克金色的短发，叹着气说，“你还太年轻，所以认为财名都不重要，也许这样并非坏事。不过出于对你的私心，我还是希望你能培养对小提琴的热爱，爱才是攻克一切难题的诀窍。”

杰克不再回应，他天空一般蔚蓝的眼眸黯淡下来，但是窗外那片属于他的璀璨星海，永远不会褪色。

杰克听着乐声慢慢长大，他在各大比赛上斩获佳绩，终于成为一名出类拔萃的小提琴大师。

最后，杰克站在了世界顶尖小提琴手才能获邀演出的舞台，这个他的父母由于意外身亡而没能登上的圣地。

杰克在众人的注视下酣畅淋漓地演奏着，那琴音震动了每个人的心弦。曲毕，观众们都热泪盈眶地为他鼓掌，掌声久久不衰。

“由衷感谢大家，你们来自世界的各个角落，如今齐聚一堂，来听我拙劣的演奏。”轮到杰克向观众致辞，他笑容谦逊，优雅的声音通过麦克风，清晰传入在座每一个人耳中，“到现在，我总算可以问心无愧地说，我想要追求的从未改变，这将是我最后一场演出，演出所得收入全部捐给福利院。”

“各位，今天我站在这里同你们分享这个喜讯，我终于不用再拉小提琴了。”杰克将自己的腰深深地弯下去，他向观众们真诚鞠躬，深情道别，然后留下了那把陪伴他多年的小提琴。

从此，乐坛上隐退了一位天才小提琴手，市井中却多出一个平平无奇的画家。

当人们再谈起杰克，都把他比作一只流浪的蝴蝶，这只蝴蝶扇动翅膀，飞向远方，只为追寻他的梦想。

“真可惜啊。”有人看完杰克最后一场演出的录像，不无遗憾地感慨道。

可是也有人觉得：“至少他的选择令他收获了快乐，不是吗？”

人的生命只有一次，应该像彩虹一样，虽然短暂，却总是色彩斑斓，活出自己最喜欢的模样。

只要你坚持去做，你就会成为这个领域的天才，可是坚持总是痛苦的，唯有爱，才能让一个人对自己所关注的事物倾注全部努力，绽放出艳丽的花朵。这样的生命，天然就带有芬芳。

成功的道路上没有捷径，但怀揣着满心热爱，会使你愈挫愈勇，最终百战百胜。

假如梦想不被理解，你便向对方温柔诉说吧，相信言语会像雨滴一样，串联起天空和大地，你所爱的人和你。

成长箴言笔记本

兴趣的到来十分可贵，历经困难和时间依然保留下来的爱好，一定可以深入你的灵魂。而私自干涉和评判他人的爱好，无疑是很愚蠢的。

兴趣是最好的老师。

——［德］爱因斯坦

教育就是一棵树摇动一棵树，一朵云推动一朵云，一个灵魂唤醒另一个灵魂。

——［德］雅斯贝尔斯

好奇的目光常常可以看到比他所希望看到的东西更多。

——［德］莱辛

心灵加油站

1. 平时休闲在家的时候，你最喜欢做什么事呢?

2. 如果你不开心了，你会选择什么方法来让自己恢复心情呢?

3. 除了学习以外，你花费在什么事情上的时间最多呢?

希望这几个小问题可以给你一点点启发，让你找到属于自己的兴趣喔!

苦恼来信

最爱的外婆去世了

冰冷的世界

阳光姐姐，虽然此时的窗外阳光灿烂，可我的心情却如同坠入了冰窖一般，好难过呀！

呜呜呜……因为最爱我的外婆永远离开了我。而更让我难过的是，其实外婆已经去世一年多了，可我竟然最近才知道。

我居然被蒙在鼓里这么久！

我的父母没有告诉我这件事，可我知道，他们不是因为怕我伤心难过，而是根本就不在意我的感受。我这么说是有原因的，阳光姐姐，你可能根本就不能想象我生活在一个多么冰冷的世界里。

从记事起，我就很少见到爸爸妈妈对我笑。他们似乎很讨厌我，总是绷着一张脸，因为一些鸡毛蒜皮的小事，无缘无故地就骂我。

如果我穿了一双白袜子，妈妈就会脸色大变，用手指戳着我的额头说："你为什么要穿白的！这太不耐脏了，你知道我每天给你洗衣服有多累吗？"

可白袜子不是你们给我买的吗？我心里这样想，却委屈得不敢说话，眼泪只能在眼眶里打转儿。因为要是我哭鼻子了，爸爸就会背着手，皱起眉头，凶神恶煞般呵斥："哭哭哭，就知道哭！你除了哭就没别的本事了吗？"

一开始我以为爸爸妈妈只是心情不好，或者工作太累了。所以我尽可能地做一个乖巧懂事的女儿，学习越来越刻苦。我想，也许当我越来越听话，他们就会对我好一点儿吧，一点点我就满足了。

可自从我的弟弟安安出生以后，我才渐渐地意识到，他们不是因为太劳累，他们只是把坏脾气给了我，却把所有的关心和爱都给了安安。

来自外婆的温暖阳光

有一次我放学回来稍微晚了一点儿，站在楼道里，心里特别忐忑。因为上一次做值日回来晚了，爸爸妈妈整整数落了我半个小时，说我耽误了他们吃饭。

正当我思考着，如何开门不发出大的声响时，突然听到了门内传来一阵阵欢声笑语。

爸爸妈妈的一声声“乖儿子”不断传入我的耳朵，这声音是那么温柔与慈爱，却从来不属于我。

那一刻我特别难过，长久以来的种种委屈在我心头萦绕，我赶紧掉头跑下了楼，边跑边哭，眼泪迷住了眼睛。我没看清脚下的路，砰的一声摔倒了。于是我就那样趴在地上号啕大哭，也不管身上痛不痛。

过了很久很久，天黑了，我才站起来拍拍身上的泥土，一瘸一拐地回家了。

刚打开门，迎接我的不是着急和担心，而是一顿劈头痛骂："你怎么这么晚才回家？你又去哪里野了？你看看你，身上弄得这么脏！你为什么不说话，你哑巴啦！……"

那一刻我的脑子里仿佛有一台鼓风机在呼呼地吹，又像有一道道雷电轰然作响。

我走进了房间，将所有的呵斥阻隔在门外。

爸爸使劲地拍着门，砰砰的巨响声中透露着他的愤怒，但我把门锁得紧紧的，就是不打开。他们在门外骂了一会儿，就离开了，我也倒在床上睡着了。

第二天一早，我从害怕中醒来，真的，阳光姐姐，我当时特别害怕，因为我的脏衣服把被子弄脏了，房间地板也脏了，我怕他们会打我。

我蹑手蹑脚地打开门，却没听到任何声响，弟弟坐在餐桌上吃着煎蛋。我对这种情况已经习以为常。因为每天早上都是弟弟吃煎蛋，我喝稀饭的。

“丫头，你醒啦？”厨房里突然探出一颗脑袋，脸上虽然满是皱纹，笑容却异常慈爱。

“外婆！”我惊喜万分，赶紧奔向外婆身边，想抱一抱她。

外婆笑呵呵地说：“哎呀，我正做着饭呐。”但她还是放下了手中的锅铲，用手轻轻地刮着我的鼻子，“傻孩子，快去吃早饭，今天你有两个煎蛋哦。”

外婆喜欢用宠溺的语气叫我“傻孩子”或“傻丫头”，只有她才会这么温柔地对待我。

我开心地奔到餐桌，享用外婆为我准备的“大餐”。

爸爸妈妈每年都会出差一个月，而这一个月，就由外婆来照顾我和弟弟。从一年级到五年级，这五年的时间里，只有每年外婆来的一个月，才让我觉得格外温暖和快乐。

最爱我的那个人不在了

我还记得那天也是一个晴朗的好天气，我正在家里写着作业，突然被窗外的鸟叫声吸引住了。于是我就放下笔，呆呆地看着窗外树枝上，那只蹦来蹦去的鸟儿，它有着一身色彩斑斓的羽毛，在蓝天白云下，自由自在地唱着歌。

我是那么羡慕它，我多么想成为一只自由自在的鸟儿啊！

“你不写作业发什么呆呢！”爸爸的责骂突然从头顶传来，我才发现不知道什么时候他走到了我身边。

我忽然想起了外婆，就小心翼翼地问道：“爸爸，外婆今年什么时候来我们家呢？”

“外婆？”爸爸的脸上闪过一丝不自然的神色，但也仅仅只是一瞬间。过了一会儿，他说，“你外婆一年前就已经去世了。”语气是那么轻描淡写，仿佛在说着一件和我们毫不相关的事情。

那一瞬间，我整个人都呆了。

我才不相信爸爸的话呢，外婆怎么会去世呢？她的身体一直那么硬朗，总是开心地笑着，目光里满怀着慈爱；她总是用手温柔地抚摸着我的脑袋，亲昵地叫我傻丫头；有时候，她甚至会抱起我，虽然我被她身上的骨头硌得生疼，但从外婆的怀抱里，我第一次感受到了什么是亲情。

有一次我依偎在外婆怀里，外婆告诉我，每个小孩都是老天送给父母的礼物，父母会陪孩子一起长大，孩子伴父母慢慢变老……

我打断外婆的话，问她："可是为什么我不是爸爸妈妈的礼物呢？难道我是他们捡来的吗？"

外婆摇摇头："你怎么会是捡来的，你可是外婆最好的礼物呀。"

那一刻心酸和感动在我心里交织着，我想没关系的，父母不疼爱我不要紧，我有外婆就够了。

可是，外婆去世了，世界上最爱我的那个人走了……

而我居然是最后一个才知道的，我真的好难过……

阳光姐姐，自从知道外婆去世后，我的心里就有一片灰蒙蒙的天空，像迟迟见不到阳光一样。常常走在街上，我会莫名其妙地大哭。我本来就是没有幸福的人，是外婆给了我一丝丝温暖，可是现在外婆不在了，我活在这个世界上还有什么意义呢，我干脆去找外婆吧！阳光姐姐，你能理解我吗？

痛苦的珊瑚

惜呆兔咪
圆桌会议
珊瑚太可怜了……
别说阳光姐姐了，我都不能想象珊瑚究竟生活在怎样的世界里！她的父母为什么要这样对待她？

多么恐怖的生存环境，这可以被称作家庭虐待了吧！
还没有到这个地步，但她的父母应该有重男轻女的思想，你看他们对珊瑚的弟弟就特别宠爱。

竟然还有这种父母？

幸好珊瑚从小还有外婆宠爱，不然真的无法想象她怎么生活在这个世界上。
可是连最疼爱她的外婆也去世了，珊瑚该怎么办呢？

我觉得珊瑚应该离家出走，这种家庭不呆也罢！
别乱出主意啊，珊瑚还是个小学生，没有经济来源，离开了父母她怎么生存呢？而且你们没看到信尾处，珊瑚竟然萌发了要自杀的想法啊！我好担心啊！

是啊，阳光姐姐赶紧来劝劝小珊瑚吧，我也好担心，她千万别做傻事呀！

阳光姐姐的回信

亲爱的珊瑚，我收到了你的来信，仔细读了两遍，心里很难过。我很能理解你的委屈，也很理解失去外婆后你内心的痛苦。外婆的离去是一件不幸的事情，你不用强忍内心的悲伤，发泄出痛苦的情绪，好好大哭一次吧。

生老病死是大自然的规律和法则，我们对此是无能为力的，外婆的离去并不只带给你一个人痛苦，你的爸爸妈妈承受了同样的伤痛。他们选择暂时隐瞒外婆离世的消息，并不是不顾及你的感受，而是，他们很担心你的年纪太小，和外婆感情那么深，会承受不住这样的痛苦，想要保护你。所以，请体谅爸爸妈妈的苦心，不要埋怨他们让你最后一个知道这么难过的消息。

外婆虽然离去了，但是请将所有关于她的温暖回忆珍藏在心里吧。外婆那么爱你，她一定希望你能继续快乐幸福地生活下去，对不对？让我们一起想想办法，改变这种痛苦的现状，找回生活中的温暖和快乐吧。

你是一个乖巧懂事的女孩，能够体谅爸爸妈妈的辛苦，主动刻苦学习不让他们操心，这些你做得非常好。爸爸妈妈对你的态度或许过于严厉，但是仔细想一想，他们批评你的话却也是有道理的。妈妈责怪你把白色的袜子穿脏了太难洗，我想，你也许可以试着自己来洗自己的袜子，做一些力所能及的家务活，帮助妈妈减轻一些负担。爸爸妈妈责怪你做值日放学回家太晚，耽误了大家吃饭。这说明爸妈并没有提前吃饭，而是一直在着急地等你回来一起吃。下次做值日，你可以在上学前提前告诉爸爸妈妈，让他们心里有数，不用着急。天黑的夜晚，你因为伤心一个人跑出家门，这是一件非常危险的事情，你在外面摔伤了自己，回到家里爸爸妈妈很生气，这是因为他们非常担心你。如果他们真的对你很冷漠，会对你视而不见，不管不顾。所以，答应阳光姐姐，下一次，无论你再遇到什么样的委屈，不要再一个人跑出家门，让父母担心，好吗？

你的爸爸妈妈是爱你的，但是，因为你对爸爸妈妈有些不满，所以你的内心和爸爸妈妈有些隔阂，不愿意沟通交流，宁愿用眼泪表达你的委屈，也不肯说出自己内心的真实想法。

也正因为如此，你和父母之间的沟通越来越有问题，你越委屈，他们越愤怒，而这些，却让你误会他们并不爱你。

亲爱的珊瑚，请擦掉眼泪勇敢地面对问题，你越勇敢，越会发现处理好和爸爸妈妈的关系并不是一件很难的事情。你要继续刻苦学习，也要学着独立照顾好自己的生活。当你把自己变得越来越优秀时，父母会对你刮目相看，不会再认为你是个只会哭哭啼啼的孩子，会更重视你的感受和想法。当爸爸妈妈再次对你发火时，请忍住眼泪，仔细想想他们说得有没有道理，如果受了委屈，也要努力用冷静平和的语气告诉他们。你的眼泪和叛逆的“离家出逃”举动只会火上浇油，让他们越来越生气。只有冷静和平和的沟通交流，才是解决问题的办法。

成长故事袋

罗尔是一个从小失去幸福的孩子。

父母离异，他被法律指定跟着父亲，从此再也没见过妈妈。而父亲，因为一场车祸，永远地离开了这个世界。罗尔只能和年迈的祖母相依为命。

罗尔从此养成了乖戾孤僻的性格，他仇恨着自己的妈妈，觉得是她毁了一切。如果没有她的离开,自己就不会从小孤苦无依，父亲也不会含冤而死。

祖母看着他因为一些小事大发雷霆，总是轻声叹气。

有一天，祖母突然送给罗尔一个罐子，形状很奇怪，外面用五颜六色的纸糊着："它叫作幸福储存罐，你每天将自己觉得最幸福的事情，在纸条上写下来，然后装进罐子里。”

罗尔低着头思考幸福的含义，良久他说：“我不幸福，我的生活中没有任何幸福。”

祖母轻抚他的脑袋：“如果以前的生活，没有给你任何幸福的感觉，那么从此刻起，一直到你老得再也拿不了笔的时候，一定会有一些让你感到幸福的时刻，请把幸福的时刻记下来。”

罗尔看着头发花白的祖母，温柔地对着他笑，他终于点点头。然后问祖母：“什么事情才是让我觉得最幸福的事呢？”

祖母笑着说：“只要你感到快乐，它就是幸福的事情；只要你对什么感兴趣，它就是幸福的事情；只要给你带来好运的，它就是幸福的事情。你捡了一颗玻璃球，折了一个纸飞机，你觉得快乐，你就可以记下来。”

那天晚上，罗尔往幸福储存罐里存进去了三张纸条。他小心翼翼地在纸上写着：“祖母送了我幸福储存罐，教会了我幸福的定义，我感到很幸福；下午，隔壁的奶奶给我们送来了一篮子草莓，草莓非常可口，我吃起来觉得很幸福；

放学时，我帮同桌做值日，他对我开心地说‘谢谢，谢谢啊’，多么美好的词语，我觉得很幸福！”

从此以后，罗尔每天都往幸福储存罐里写纸条，尽管有些是很小很小的事情，但外婆告诉他，幸福就是由一些很小很简单的事情组合起来的。

直到有一天，罗尔在街上看到了自己的母亲，尽管他快要记不清母亲的长相，但还是一眼认出了。当时母亲和一个高大的男人牵着手走在一起，她忽然也看到了罗尔。一瞬间，她羞愧地掉转头，但很快她就醒悟过来向罗尔跑来。

罗尔下意识地也跑了起来，他想，不能让她追上我，是她毁了我的一切。

在跑了很久很久之后，罗尔回过头，竟然发现母亲依然在他不远的地方，气喘吁吁，眼神疲惫，透露着凄凉与愧疚。

晚上回家，罗尔破例没有写纸条。祖母问他怎么了，他把白天遇到母亲的事情告诉了祖母。

祖母叹口气说：“以前的事情都过去了，如今你要追求的是让你以后感到幸福的事情，别老是因为过去的事情而忘了此刻和将来的幸福。”

“再说，你母亲追了你那么久，说明她还是一直爱着你的，这也是一种幸福。”

“这也是吗？”罗尔感到疑惑，却还是拿起了笔，认认真真地记下了。晚上躺在床上，他仍百思不得其解，为什么明明是母亲对不起全家，如今竟还成了一种幸福呢？

当时年纪太小，成年后的他才知道，祖母是在教他用善意的眼光看待人生。一个人心中充满了不幸的感觉，是很恐怖的一件事，它会积累成一个炸药桶，总有一天会炸了社会，也伤了自己。祖母在用一种特别的方式告诉他，幸福是自己感受到的，而不是别人给予的。

很多年过去了，罗尔一直保持着这个雷打不动的习惯，每天坚持记录下幸福的瞬间。

罐子越来越多，幸福越来越多，祖母却一天天老去了。

祖母去世的那一天，罗尔悲痛万分，世界上和他最亲的那个人，教会他幸福定义的那个人离开了，他感到无比的失落。他甚至想把那些幸福的罐子都砸了，跟着祖母一起走。

直到祖母下葬的那一天，他在祖母的书桌上发现了一封信：

亲爱的罗尔，当你看到这封信的时候，我可能已经离开你了。但你知道，生老病死，人之常情，无论是谁，总有一天都会老去，然后腐朽在泥土里。

我知道你现在很难过，但亲爱的罗尔，你还记得我让你储存幸福的那些罐子吗？我亲眼看着它从一个，变成那么多个，你从不幸福，变成了一个可以主动寻找幸福的人。我不会永远陪着你，但我们相处时的幸福时光，还永远地陪伴在你身边，这难道不是一种幸福吗？

忘掉过去的不幸，别让幸福从你的手中溜走。

亲爱的罗尔，祖母永远爱你。

信纸字迹歪歪斜斜，罗尔能想象出年迈的老人，是如何戴着老花镜，艰难地写下这些话的。他抑制不住地哭泣，却对生活有了无限勇气。

罗尔好好地活下来，依然坚持记录那些幸福的事情，罐子买了一个又一个，一直到他 60 岁，他一共积攒了 400 个幸福储存罐。

60 岁的他说："这一生太短暂，但我过得无比幸福，我为自己活着。"

正如这故事里所说的，幸福不是别人给予的，而是自己去寻找的。如果最爱的那个人离你而去，我们就永远记得那些幸福的时光就好。

人不应该否定自己活在这个世上的价值。

文学大师高尔基的童年十分不幸，在经历外祖母和母亲的相继去世之后，他被外祖父赶出门靠捡垃圾为生。高尔基的童年生活彻底结束了，属于自己的人生开始了。

苦难往往不是财富，它千方百计地想要击垮我们，让我们低头。如果你生活在不幸中，请一定要保持自己的坚强与勇敢，别轻易被内心的恐惧击倒，别轻易否定自己的生命。

成长箴言笔记本

每个人都不可能一帆风顺，如果这个世界上没有人来爱你，请一定不要放弃爱自己。

真正的幸福只有当你真实地认识到人生的价值时，才能体会到。

——［科威特］穆尼尔·纳素夫

有坚强的意志，才有伟大的生活。

——［英］托·布朗

要坚强，要勇敢，不要让绝望和庸俗的忧愁压倒你，要保持伟大的灵魂在经受苦难时的豁达与平静。

——［意］亚米契斯

心灵加油站

如果要画一只鸟和一个人的话，你会怎么画呢？

A. 一个人正在看着笼子里的鸟。

B. 一个人正追着一只飞走的鸟。

C. 一只鸟停在一个人的肩上或手上。

D. 一个人正向飞远的鸟招手。

E. 一只鸟在天空飞，而这个人对这只鸟毫不在意。

结果分析

选 A： 你的幸福其实已经近在眼前，但是却受到了一些阻碍而让你没能如愿。

选 B： 你正全力以赴为自己的幸福努力，你很想抓住幸福，但似乎怎么也抓不住，正处于身心疲惫的状态。其实有舍才有得，如果你认为眼前的幸福并不是真正的幸福，或许你可以作出决定了。

选 C： 不担心鸟逃走而和鸟玩的你，象征着你正处于幸福满足的状态中，每天都觉得很快乐！

选 D： 向鸟招手，暗示你正在等待幸福的来临，并且是以一种平静的心态来对待。人生许多事需要自己积极争取，机会可是稍纵即逝的喔。

选 E： 人和鸟之间没有明显的互动关系，似乎你对幸福没有什么特别的感觉，现在的你相当淡然。

做一个充满幸福感的人，也要拥有捕捉生命中微小幸福的能力。

新学校带来的苦恼

阳光姐姐，你说，这个世界上为什么要有挫折，要有失败呢？为什么大家总说，失败是成功之母呢？说实话，我一点儿也不相信失败是成功之母。因为，我已经很久很久没有看见那个叫“成功”的母亲了，“失败之子”倒是经常陪伴着我……

在我上五年级之前，我在学习上是很成功的。因为我很聪明（大家都这么说），所以每一门课的考试我都能拿高分，在班里不是第一名，就是第二名。大多数时候，我都稳坐第一的宝座。

我不仅成绩好，还是班长。班里的同学每天都围在我身边，连老师们也喜欢我。学校里举办联欢会，大家都会推荐我去当小主持人；市里有了什么比赛，老师也总是鼓励我去报名参加。那个时候，我简直成了班里的宠儿。我每天都过得特别开心，特别幸福。

但是很快，一切都变了。五年级的时候，因为爸爸换了工作，所以我们家搬到了另一个城市。我们有了新家，而我也转入了新的学校。

爸爸说，这个学校是一所私立小学，教学质量比我原来的小学要好。我听后，撇了撇嘴，一点儿也不开心。在我心里，我原来的小学就挺好的。

去了新学校，来到了新班级，班里的人我一个也不认识。老师安排我坐在后面的座位上，后排的同学上课也不听课，时间久了，我也跟他们学会了。上课的时候，老师在讲台上讲课，我们后排几个人就在座位上传纸条，讲笑话。

有一次，我们传纸条的时候被老师发现了。老师很生气，罚我们几个站了一节课。从那次开始，我就一点儿也不喜欢我们班的老师了。

无法好转的成绩

有时候，我也会乖乖听课，可是我慢慢发现，老师讲的内容我不太能听得懂。因为我是转学过来的，所以有很多内容都没学。老师讲的我听不懂，作业我也不会写，考试那就更不用说了。虽然不至于考个大鸭蛋，但是分数之低，是我以前从来没考过的。

老师让我们把试卷带回去，要家长签字。回家以后，我战战兢兢地把卷子拿给了爸爸妈妈看。他们都很震惊。

爸爸凶巴巴地问我："你怎么搞的？新学校那么好，你怎么不好好学习，不知道珍惜机会！"

我不敢看爸爸，低着头，眼泪在眼眶里打转儿。

妈妈没有像爸爸那样凶我，她把试卷拿过去，皱着眉头，轻轻问我："是跟不上老师上课讲的内容吗？"

我点点头，说："老师让我坐在后面，后排几个同学都不爱学习……"

我说完，爸爸妈妈就懂了。他们觉得，一定是后排那几个同学带坏了我。

于是，爸爸第二天就去了我们班主任胡老师的办公室。然后，胡老师就把我的座位调到了前面，还安排了一个学习比较好的同学坐在我旁边。

胡老师还把我找去单独谈话了。胡老师对我说："你跟学习委员一起坐，平时有什么不懂的问题，可以问问你同桌，也可以找各科老师问一问。"

我郑重地点点头。

虽然如此，我的成绩却并没有好转。不知道为什么，老师上课时讲的知识点，我虽然能听懂了，但是一到考试，我就写不出来。

我的成绩虽然也有一点点进步，但是也只是中等偏下的水平。我的心里很不平衡，我经常想，现在的成绩这么差，我还不如不上学了。

这些话我可不敢跟爸爸妈妈讲！

和心爱的航模说再见

除了学习成绩总是提高不上去，我的课外兴趣也遇到了巨大的阻碍。

我从小就特别喜欢航模，爸爸妈妈也给我买了很多模型和航模方面的书。后来，他们看我的兴趣这么大，就给我报了一个航模班。在航模班里，我交了好几个好朋友。这算是一件比较开心的事情吧。

不过最近，我不是那么开心了。因为过几天有一场全国性的小学生航模比赛，老师说，要从我们班里选一个人去参加比赛。

我们班里有十个人呢！只能选一个人去，怎么办呢？老师说，要进行个小比赛，比赛的第一名就可以跟着他去参加比赛。

我一听，可兴奋了！航模的书我看得太多了，比赛还不是小意思！

很快，航模班的第一轮比赛就来了。第一轮比赛，比的是航模知识问答。

老师出的题目对我来说，简直是小意思。前面的问题，我都答对了。我得意地看了看那些答不出来的同学，心里很骄傲。不过跟我一样都能答出来的，还有另外两个同学。我们三个可以说是不相上下。

然而，因为我答题的时候开了小差，所以最后一道题没有听清楚选项，答错了！比赛的机会，就这样丧失了一半！我又气又急，气自己怎么不专心答题！

还好，还有第二轮比赛。第二轮比赛不是每个人都能参加的，只有上一轮比赛得分在前五名的人才能参加。

这一轮比的是自己动手制作航模，用时最短而且做得最好的人获胜。

航模制作起来，还是有点儿难度的。我已经有一段时间没练习了，所以制作的过程中遇到了不少问题。最后虽然也做完了模型，但是我的速度却排在了倒数第二……

很遗憾，我不能去参加比赛了。

自从经历了这件事，我对航模的兴趣好像减少了不少。尤其是老师再让我们动手制作航模的时候，我的心里就会不由自主地开始害怕，越害怕越做不好。我开始找各种借口不去航模班。因为我真的很害怕再次失败，那种滋味太不好受了。

爸爸妈妈一开始也会劝我去，但是他们看到我那么抗拒，渐渐地也不再说什么了。就这样，我慢慢离开了我的航模班。

阳光姐姐，你知道吗？我经常一想到航模，心里就非常难受。因为我真的很喜欢，可是因为害怕失败，我变得胆小了，不敢再去喜欢。这种心情，您能理解吗？

我真想有一台时光机啊，可以把自己送回搬家之前。那时候的我，多幸福、多快乐啊。不像现在，再也快乐不起来了。

不快乐的乐乐

惜呆兔咪
圆桌会议
啊,考试考不好,那太可怕了!
兔子你成绩那么好,根本不会发生这种事啦!
哎,兔子都没有考不好的体会,人生缺少了很多乐趣啊。
那这么说,我就比较有乐趣了吧?

你们不要嘻嘻哈哈的好不好,人家乐乐现在是很苦恼的,你们给点儿建议啊!
哎,我和乐乐"同是天涯沦落人"啊,我也不知道该怎么办……

像乐乐这种情况，应该就是遇到挫折了吧。
其实我们平时都会遇到一些挫折，比如我上次跟妈妈学做蛋糕就失败了。当时我还挺难过的！
有个有名的人说，你不打败挫折，挫折就会打败你！
啊，真的吗？是哪个有名的人说的啊？
这个名人叫——惜城。
惜城你真没同情心，就知道在这里说笑，我们还是去问问阳光姐姐怎么办才好。
是呀，好像还是阳光姐姐比较可靠一点儿。

阳光姐姐的回信

不得不说，惜城虽然老是不正经，但是他刚才那句话说得倒是很对。你不打败挫折，挫折就会打败你。

其实，在这个世界上，每个人都会遇到各种各样的挫折。我想，应该没有人可以说出“我从来没失败过，从来没遇到过挫折”这句话吧！从小到大，我们遇到的挫折也都会不一样。还是学生的时候，可能会遇到“成绩怎么也提不高”的挫折；等长成了大人，又会遇到“找不到自己喜欢的工作怎么办呢”这样的挫折……所以挫折这个小东西，还真是一个非常常见的“朋友”了。

可是，阳光姐姐为什么会称呼它为“朋友”呢？因为啊，很显然，当你克服了某个挫折的时候，你是不是发现，你比之前的那个自己更厉害一点儿了呢？当你一直被一道很难的题目困住，这个题目就是你此刻的挫折。而当你花了很多工夫解出这一题的时候，是不是同时也意味着，你会的东西又增加了一点儿呢？我们每一个人不是从一开始就什么都会，也不是所有事情都可以做得很好。但是，我们却可以通过一点一滴的坚持和努力，去学会做好更多的事情。

亲爱的乐乐，虽然转学后的你成绩不如转学之前，但是跟刚转学过来的你相比，你还是有进步的。这个进步你可千万不要忽略了呀！有进步就意味着，你正在一点一点地克服挫折。只要你坚信自己，继续努力，就一定可以取得更大的进步！阳光姐姐可是非常相信你的喔！

至于你错失良机的航模比赛，虽然阳光姐姐也为你有些遗憾。但是，航模比赛又不是只有一次，这次没有赢得机会，下一次再去大放光彩也可以呀！你大可以原谅一下自己偶尔的失误，尽管是自己擅长的东西，但是也没有人能保证擅长的事情可以做到百分百完美。换个角度思考一下，这次没被选上，那也是因为自己还没完全准备好，如果侥幸去了，可能也未必会获得一个好成绩。不如趁这个时间，好好提高下自己的能力，这样等下次比赛再来临，你就已经有了充分的准备啦。要知道，机会只会留给有准备的人喔！航模真的很酷，阳光姐姐希望你可以继续坚持自己的爱好，绽放你的绚烂光彩！

成长故事袋

1880年，一个可爱的女孩出生在美国。

然而，不幸的是，在生了一场重病之后，小女孩双目失明、双耳失聪，从此再也无法用眼睛和耳朵感受这个美好的世界。甚至，她还不知道这个世界到底是什么样子。

她的世界里，只能感觉到漫无边际的黑暗和永恒的寂静。她无法发出声音，喊不了“爸爸”“妈妈”，也倾诉不了她的心情和感觉。

这样的生活让小女孩一天天地暴躁起来，她的脾气越来越坏了。

突然有一天，小女孩的家里来了一位家庭教师。这位家庭教师叫莎莉文。

尽管很多人都不相信，一个既看不见又听不见的人能学会说话认字，但是莎莉文老师却这样坚信着。

莎莉文老师开始教小女孩触摸盲文、拼写单词。她会把小女孩的手放在水龙头下面，让她感受流动的水，然后在她的手心写下“水”这个单词。小女孩就这样学会了“水”字。

就这样，在老师的精心教育下，她学会了更多的字。她可以拼写自己的名字了，她知道了“泥土”“种子”是什么，而且还会写它们的单词了。小女孩会得越来越多。

小女孩像一块干燥的海绵,在汲取了一点儿水分之后，就强烈地渴望着更多的水源。她拼命地阅读盲文，不停书写单词和句子，就在这样的刻苦努力之下，看不见也听不见的小女孩却学会了阅读、书写和算术!

小女孩 10 岁的时候，非常想开口说话。要知道，对于一个从来没有听过声音的人来说，想要学说话，那是多么的困难啊!

小女孩的父母为她请来了盲哑学校的老师。老师发音的时候，小女孩就把手放在老师的脸上，用感觉来判断老师发音时舌头和嘴唇是怎么颤动的。经过不断地练习，小女孩以惊人的毅力克服了先天的困难，终于学会了说话。

不仅如此，小女孩后来还考入了大学，成了一名出色的作家和教育家。

这个小女孩，就是海伦·凯勒。她写了一本书，叫作《假如给我三天光明》。

来自身体上的挫折并没有阻止小女孩的健康成长，克服了挫折的她，反而令世人惊叹。

大名鼎鼎的化学家诺贝尔，也经历过常人无法想象的挫折。

1864 年，诺贝尔亲手建成的一座化学实验工厂，在一场爆炸中成为灰烬。这次爆炸带走的不仅仅是工厂，还有诺贝尔的弟弟和他的四位得力助手。

爆炸发生后，警察禁止诺贝尔再恢复自己的工厂。当地居民也像躲避瘟神一般躲避着他。

然而，这一切并没有阻挡住这位化学家实验的步伐。

几天以后，人们发现，在远离市区的湖上，出现了一只巨大的平底驳船。驳船上并没有什么货物，而是摆满了各种设备，一个青年人正全神贯注地进行一项神秘的试验。

是诺贝尔!

在令人心惊胆战的实验中，诺贝尔没有连同他的驳船一起葬身鱼腹，而是经过多次试验，成功发明了雷管。雷管的发明是爆炸学上的一项重大突破。

然而成功的喜悦并没有持续多久，接二连三的意外爆炸事故纷至沓来。

已经习惯与死神为伴的诺贝尔没有被灾难和困难吓倒，他的毅力和恒心，使他在追寻目标的过程中所向披靡，勇往直前。

诺贝尔把挫折踩在了脚下，赢得了巨大的成功。他一生获得的专利发明权有 355 项之多。

他用自己的巨额财富创立的诺贝尔科学奖，被科学界视为一种至高无上的荣誉。

挫折是一种无比常见的东西，如果你选择战胜它，选择把它踩在脚下，你就会变得非常强大。

成长箴言笔记本

挫折其实没那么可怕，是躲避挫折的心让我们在挫折面前变得弱小。只要你站起来就会发现，你有无限的能力去跨越挫折和障碍，成为那个更优秀的自己。

我觉得坦途在前，人又何必因为一点小障碍而不走路呢。

——鲁迅

只有永远躺在泥坑里的人，才不会再掉进坑里。

——［德］黑格尔

短时期的挫折比短时间的成功好。

——［古希腊］毕达哥拉斯

失败也是我需要的，它和成功对我一样有价值。只有在我知道一切做不好的方法以后，我才知道做好一件工作的方法是什么。

——［美］爱迪生

心·灵加油站

1. 在过去的一年中，你自认为遭受挫折的次数（　）

A.0 ~ 2 次　B.3 ~ 4 次　C.5 次以上

2. 你每次遇到挫折（　）

A. 大部分都能自己解决　B. 有一部分能解决

C. 大部分解决不了

3. 你对自己才华和能力的自信程度如何（　）

A. 十分自信　B. 比较自信　C. 不太自信

4. 你对困难经常采用的方法是（　）

A. 知难而进　B. 找人帮助　C. 放弃目标

5. 有非常令人担心的事时，你（　）

A. 无法学习　B. 学习照样不误　C. 介于 A、B 之间

6. 碰到讨厌的学习对手时，你（　）

A. 无法应付　B. 应付自如　C. 介于 A、B 之间

7. 面临失败时，你（　）

A. 破罐破摔　B. 使失败转化为成功　C. 介于 A、B 之间

8. 学习进展不快时，你（　）

A. 焦躁万分　B. 冷静地想办法　C. 介于 A、B 之间

9. 碰到难题时，你（　）

A. 失去自信　B. 为解决问题而动脑筋

C. 介于 A、B 之间

10. 学习中感到疲劳时（　）

A. 总是想着疲劳，脑子不好使了 B. 休息一段时间，就忘了疲劳 C. 介于 A、B 之间

11. 学习环境不够安静时，你（　）

A. 无法完成任务　B. 能克服困难干好工作

C. 介于 A、B 之间

12. 产生自卑感时，你（　）

A. 不想再干工作 B. 立即振奋精神去干工作

C. 介于 A、B 之间

13. 老师给了你很难完成的任务时，你（　）

A. 顶回去了事　B. 千方百计干好　C. 介于 A、B 之间。

14. 困难落到自己头上时，你（　）

A. 厌恶至极　B. 认为是个锻炼　C. 介于 A、B 之间

1 ~ 4 题，选项 ABC 分别对应 2 分、1 分、0 分；

5 ~ 14 题，选项 ABC 分别对应 0 分、2 分、1 分。

结果分析

19 分以上，说明你的抗挫折能力很强。

9~18 分，说明你虽有一定的抗挫折能力，但对某些挫折的抵抗力薄弱。

8 分以下，说明你的抗挫折能力很弱。

打败挫折虽然听上去好像有点儿困难，但是如果你成功了，你将拥有特别强烈的成就感喔！

苦恼来信

清晨的争吵声

呜呜呜……阳光姐姐，我快要变成单亲家庭的小孩子了，我该怎么办呀……

事情是这样的，同学们的爸妈感情都很和睦，可是我的爸妈，却三天两头地吵架拌嘴，而且都是一些鸡毛蒜皮的小事。每次他们吵架的时候，我的心都会隐隐作痛；在他们吵架的晚上，我会自己一个人偷偷地流泪。

因为那时候，我特别害怕失去爸爸妈妈。

今天早上我起床的时候，发现客厅里一片安静，桌子上没有妈妈做好的早饭。

我隐约地感到不太正常，因为妈妈特别温柔贤惠，平时不管多忙，都会早起为我们做好热腾腾的早饭。

于是我走到爸爸和妈妈的房间门口，想看看是怎么回事。

谁知刚准备敲门的时候，一声怒吼突然从门缝里传出来："这日子没法过了！"同时还伴随着"哗啦哗啦"玻璃摔碎的声音。紧接着沉重的脚步声在门内响起，我还来不及躲开身子，房间门就被"砰"的一声从里面拉开了，爸爸满脸怒气地走出来，看都没看我，径直朝大门走去。

我心里突突乱跳，巨大的勇气油然而生，情急之下，我喊了一声"爸爸"，然后一直盯着他的背影。因为我害怕，如果我不叫住爸爸，也许他就再也不会回来了。

爸爸停下脚步，回头看了我一眼，依然一副很生气的模样，却努力地想让自己的表情缓和下来，可是他失败了。他皱着眉头说："没事儿姗姗，我出去办个事，一会儿让你姑姑来给你做早饭。"然后就头也不回地离开了。

屋子里顿时变得空荡荡的，我走进房间，妈妈坐在床前，脸朝着窗外看，身体轻轻地耸动着。

我知道她哭了。以前爸爸和妈妈吵完架，妈妈也是这样偷偷躲在房间里哭。

妈妈的眼泪

细细小小的玻璃碴子散落在地板上，无声地告诉我，他们刚才的争吵有多么恐怖。

我一看，原来是床头柜旁的台灯被砸了。记得妈妈以前和我说过，这盏台灯是为了纪念他们结婚五周年，爸爸特意托人在欧洲买的，灯罩上还嵌着一张他们的合照。妈妈一直很喜欢，平时总是小心翼翼地呵护着，每天都要给这盏灯擦擦灰。而且都不让我碰，怕我不小心把它摔了。

可是却被他们自己摔了。

妈妈似乎察觉到我进来了，连忙说：“别过来，当心扎到脚。”然后她用手背抹了一把眼睛，转过头来，眼睛红红的，“乖宝贝儿，你快出去！”

妈妈看我站着没动，她轻轻地吸了下鼻子，对我挤出了一个微笑：“肚子饿了吧，冰箱里有面包，你先去吃点儿垫垫肚子。”

我才不想出去，我走到妈妈身边，扑到她怀里，问道：“妈妈，你为什么要和爸爸吵架呀？我不想你们总是吵架。”

妈妈没回答我，只是轻轻地摸了摸我的脑袋，她的手掌冰凉冰凉的。就在这时，门铃响了起来。妈妈便说：“你去开门吧。”

我一打开门，姑姑就提了一大堆东西走了进来。

“姗姗，我听你爸说，你早上还没吃饭呢。”

姑姑一脸不悦地走到房间，被满地的玻璃碴子惊到了：“哟，这是怎么回事啊？我说嫂子啊，家里还有小孩，你就不能顾忌着点儿，撒起泼来没完没了的！”

我知道姑姑又在数落妈妈了，以前她也总是这样，只要爸爸和妈妈一吵架，她就来我家对妈妈说一些讽刺的话。

“姑姑，台灯是爸爸砸的，不是我妈妈砸的。”我不想妈妈受委屈，赶紧解释。

爸爸妈妈要离婚

“哼，那也是你妈把你爸惹生气了！嫂子，本来我不愿意多说，你们这样过下去有什么意思，成天大吵小吵的。你呢，就不是一个好妻子，一个好妈妈，不然我大哥为什么要和你吵架！”

我觉得姑姑太可恶了，妈妈都这么伤心了，她还在一边吧啦吧啦说个不停。

妈妈什么也没回应，就坐在房间里静静地流眼泪。

姑姑见妈妈不理她，就过来问我：“姗姗，要是爸爸妈妈离婚了，你跟着爸爸好不好？”

“你和姗姗说这个做什么？”妈妈连忙站起来，想制止姑姑的问话。

可是我已经听到了，什么也明白了。我的心里难过得像被玻璃碴子扎到一样，哇的一声便哭了出来：“姑姑你骗我，爸爸妈妈才不会离婚的！”

“要不是为了你，你爸爸妈妈早就离婚了。”

我不想再听姑姑说了，也顾不得一地的玻璃碴子，赶紧跑到妈妈身边：“妈妈，你真的……要和爸爸离婚吗？妈妈你回答我。”

我摇着妈妈的手臂，过了好久，妈妈也哭出了声：“姗姗，总有一天你会明白的。”

“我不明白！妈妈，你别和爸爸离婚好不好？”我扑在妈妈怀里，呜呜大哭。

虽然我早就隐隐有预感，但这一刻，我特别特别难过。我不想爸爸妈妈分开，我不想选择只跟爸爸过或者只跟妈妈过。

晚上，爸爸很晚才回来，他没有和妈妈说话，妈妈也没有理他。我躺在床上，听着窗外的雨声，整晚都没有睡着。

阳光姐姐，我好害怕，万一他们真的离婚了可怎么办？我喜欢爸爸，也喜欢妈妈，我希望我们三个人永远幸福地生活在一起。如果他们离婚了，爸爸再也不属于我一个人的了，妈妈也不再属于我一个人的了，我也许就变成这个世界上最伤心的小孩了。那样我会恨死他们的！

我真的好害怕失去爸爸妈妈，我好希望有一种药，可以让爸爸妈妈别再吵架，每天都开开心心的。科学家呀科学家，你们赶紧发明这种药吧！

阳光姐姐，你说科学家会发明出这种药吗？

难过的姗姗

惜呆兔咪
圆桌会议

这也是一件麻烦的事情啊。
如果父母离婚，珊珊肯定就要选择跟爸爸还是妈妈，那样她不就变成单亲家庭的孩子了吗？
是啊，好可怜啊。
如果我的爸妈要离婚，我肯定也会很难过。但是，如果我爸妈天天吵架的话，我又一定会很烦，巴不得他们分开算了。
唉，我也最害怕爸妈吵架了，那样的恐惧我再也不想经历了。

对，就算大人吵架，也应该避着我们小孩呀。
姗姗姑姑也不好，老是啰哩吧唆地插手别人家的事情。
是呀，姗姗爸妈好像经常吵架，那说明他们性格不合，真的不适合在一起啊！
唉，真是头疼，如果真的像姗姗说的，科学家能发明一种阻止爸妈吵架的药就好了。
目前科学家肯定是发明不了的，不信我们问问阳光姐姐。

阳光姐姐的回信

珊珊，读了你的来信，很想抱抱你。我理解每个孩子最害怕的事就是爸爸妈妈吵架了。在你的心目中，爸爸和妈妈都是世界上最最重要的人，你不愿意失去爸爸和妈妈任何一个人，害怕爸爸一走就再也不会回来。你一个人承受这种害怕和恐惧实在太辛苦了，谢谢你愿意将自己的秘密心事告诉我，希望我下面的回信能让你觉得好受一些。

你的爸爸和妈妈都非常非常爱你，无论未来发生什么，他们对你的爱都不会改变。他们即使在争吵中，面对各种挣扎、冲突和艰难时，也都没忘记你的早餐，没有忘记温柔地安慰着你。你的爸爸妈妈是值得尊重的，他们都将你看得非常重要。所以，无论什么时候，你都不会失去他们，他们永远都是最爱你的人。

爸爸妈妈的争吵，是因为他们之间的感情出现了一些问题。这些问题可能比较复杂，不过，这些问题都与其他人无关，甚至与你也没有什么关系。你可能感觉到了，姑姑将所有的责任都推给了你妈妈，这是不对的。爸爸妈妈的感情变得不和谐是他们两个人的事。你不用因为其他人的话去埋怨妈妈或者爸爸，认为他们有什么过错，希望你仍然像从前那样爱他们，相信他们。

爸爸妈妈都是成年人，他们有能力处理好自己的感情问题。因为很爱你，他们会努力去解决矛盾。在这个过程中，阳光姐姐希望你能坚强一些，努力照顾好自己的学习和生活，学会独立。成长很多时候都不是无忧无虑的，常常出现各种烦恼和痛苦，当我们遭遇这些时，只能让自己变得更加强大去战胜苦恼。只有这样，才能不让爱你的爸爸妈妈担心，才能让他们放下争吵，冷静下来处理自己的问题。这个世界上并没有什么药可以帮助爸爸妈妈停止争吵，能让他们获得快乐幸福的，只能是他们自己的选择和决定。

即使，爸爸妈妈最后选择了离婚，我想告诉你的是，这也并不代表世界末日的来临。如果他们真的不再相爱了，选择分手是停止伤害彼此的唯一方法。只有这样，才能让他们重新获得幸福，获得快乐。我想，你也是希望他们幸福快乐的，对吗？虽然这样的结局对你来说是一种缺憾，但是，他们仍会像从前一样爱你。

成长故事袋

有个小女生叫小茹。

她的童年，是非常不幸福的。

12 岁那年，她的爸爸妈妈离婚了。妈妈从法院回来，一进门就抱着小茹大哭。那一瞬间，小茹很难过，可是她不想再增加妈妈的伤心，于是轻抚着妈妈的背说：“妈妈，你别难过，以后的日子我陪你一起过。”

在妈妈面前假装坚强的小茹，却在妈妈看不见的角落里，悄悄地大哭了一场。

小茹的妈妈为了养家，一天到晚要打好几份工。看着妈妈这么辛劳，小茹越来越恨爸爸，但同时也变得更加坚强和独立。

等小茹长大以后，她有了自己的事业，也有了自己的家庭。

她终于可以凭借自己的能力，让她和妈妈过上了好日子。

但是有一天，当她得知爸爸与继母生了一个女儿，而且过得十分困难时，她的心情很复杂。

一方面，她这么多年来，一直怨恨着她的父亲；另一方面，她又始终割舍不下那血浓于水的亲情。

最后，她终于解开心结，选择原谅爸爸。

小茹从此和爸爸冰释前嫌，对爸爸的新家庭也百般照顾。而小茹的爸爸，对自己的女儿也格外体贴。天气转凉了，就发短信提醒小茹注意保暖；小茹生病的时候，也会细心地给小茹去药店买药。

小茹的童年虽然缺失了家庭的完整，但是原谅让她重新获得了家庭的温暖。

而在印度尼西亚，有一个小男孩，在他9岁时，就理解了爸爸妈妈离婚的原因。因此，他画了一组漫画来讲述这个故事。

1. 我叫 Azka，这是一个关于离婚家庭的故事。

2. 我的爸爸妈妈相遇后，他们相爱了，并决定生个宝宝。

3. 所以在 2006 年 6 月 4 日，我出生啦，他们给我起名叫作 Azka。

4. 在我 6 岁之前，一切都好美好，我们有一个好幸福的家。

5. 可是之后……爸爸妈妈开始为了各种各样的事情吵架，所以他们决定离婚。

6. 他们把这件事情告诉了我，而且对我说不用担心，也不需要选择跟随着谁生活。

7. 我还继续待在原来的房子里，而且我发现爸爸变得比以前更有趣啦，于是我总会要他在家陪我。

8. 妈妈住在离家很近的地方，她几乎每天都会来看我喔。

9. 他们不再吵架了，我们还是会一起去逛超市、出去玩。

10. 我一直都跟爸爸睡在一起，因为我害怕僵尸，而爸爸很强壮。

11. 妈妈也总是过来关心我，照顾我。

12. 很多人都会问我，作为一个离异家庭里的孩子是什么样的感受。

13. 其实呢，我觉得我的家并没有遭到任何破坏，只是爸爸妈妈不再是夫妻了，但他们还是我的爸爸和妈妈。

14. 我很喜欢这样的生活，而且他们再也不争吵啦！

15. 当我被问到是否希望他们复合的时候，我说“不”，因为我想要的是：他们是快乐的。

16. 所以当你能继续感受到爸爸妈妈对你的爱的时候，这并不是一个破碎的家庭。

17. 我爱你，妈妈！

18. 我爱你，爸爸！

19. 我很幸福呐！

20. 你们依然是最好的父母！

这个故事的结局是不是很美好？有的人可能会说“这样的情况太少见了”。确实，现实生活中，每个家庭的情况都不同。但每一个孩子都要学会自己面对各种环境，培养自己的独立性和思维方式。

如果你的爸爸妈妈经常吵架，你要做的就是亲亲他们，抱抱他们。如果他们仍然在吵，那么你就爱分开的他们。

成长箴言笔记本

其实，婚姻不是那么简单的是是非非。无论爸爸和妈妈是否在一起，他们都是这个世界最爱我们的人哟！

家庭是父亲的王国，母亲的世界，儿童的乐园。

——［美］爱默生

人生的道路都是由心来描绘的。所以，无论自己处于多么严酷的境遇之中，心头都不应为悲观的思想所萦绕。

——［日］稻盛和夫

心灵加油站

在一张纸上，写下你最亲的五个人的名字。接下来，请你一个接一个，划去这些亲人的名字。每当你划去一个名字，就代表你永远地失去了这个人，这个世界上你再也见不到他（她）了。直到你划去了最后一个人的名字，不妨在本子上记录一下你此时的心情。

这是一个无比戳泪的亲情游戏，有很多人在游戏的过程中忍不住哭泣。虽然只是游戏，但是做游戏时的心情，大家可能都有些难以忘怀。趁着爱的人还在身边，请好好珍惜他们吧！

苦恼来信

我是家里的老大

闹钟一响，我准时起床，像往常一样加热早餐，然后摇醒弟弟妹妹。

爸妈的房间早已空了，爸爸去工地做工，妈妈则在菜市场附近卖早点。

我弟弟任杰揉着惺忪的睡眼爬下床来，而妹妹任晴却懒洋洋地翻了个身，眼皮微微抬起，露出一条荷叶边角似的缝隙：“姐，我好困啊，不想起床。”

“小懒猫，任杰都洗漱完了，你还赖床。”我刮了刮她的鼻梁，“实在困的话，吃完早饭再去睡吧，我马上要去上课了，不趁热吃，小心拉肚子。”

她这才慢吞吞地开始穿衣服，口中哈欠连天。

我吃完早饭，快速冲洗碗筷，然后背好书包出了门，又不放心地回头来嘱咐道：“喂，小晴啊，照顾好弟弟，不要给陌生人开门哦。”

任晴帮任杰擦着嘴：“知道啦，快去吧，啰唆老姐。”

我好气又好笑地关好门，向学校迈进。

你大概知道了吧，我是家里的老大——任萱。

刚到教室，放下书包，同桌谢灵儿便抛来一句：“气死我了！”

我戳了戳她气鼓鼓的腮帮子，觉得这个小可爱像极了仓鼠，笑着问道：“怎么了，谁惹你不开心了？”

“还不是为了这个。”她指了指我摊平的作业本，“我爸昨晚跟我争这题有几种解法，写出一种不就好了吗，偏要知道那么多干什么？”

我垂下眼。这道附加题很难，我想了很久，演算了一整张草稿纸才勉强得出答案。

我低声问道:“都有什么解法,灵儿你跟我说说吧。”

灵儿坐下来，开始为我悉心讲解。她说得很细，要是爸妈也能这样教我做题，我一定把解题过程全部记下来，记得清清楚楚，一定不会忘记。我想。

酸酸的心事

灵儿有父母辅导她做作业，我呢，都是靠自己。有时候不得已打电话问老师,遇见要画图做辅助线的问题,经常说不清楚，而且老师也有自己工作之外的生活，我只好上网查资料。

妈妈只要看我上网，就说我贪玩，怕我带坏弟弟妹妹，还会以此为由说我一顿，我真是百口莫辩。

我是姐姐，所以该树立好榜样，这我知道。可有些事情分明不是我的错，就因为我是姐姐，早出生了些，就该承担莫名的指责吗?

你知道吗?爸爸妈妈不在家时，一切家务都是我这个长女在打理，可是呢，我从来得不到一句夸奖。妈妈对我的努力视而不见，只顾着埋头算账。

“妈，我把作业放在这儿了，你记得帮我签名。”我觉得不便打扰专心致志的她，于是关好门，轻手轻脚地回到了自己的房间里。

结果她把这件事忘得一干二净。第二天，我上交了没有家长签名的作业，被老师狠狠批评了一顿。我不知该怎么解释，只有垂头丧气地保持沉默，心情很糟糕。

回到家中，头昏脑胀，我感觉自己像是一颗菠萝浸泡在海水里，浑身都酸得不行，于是趴在书桌上睡了一会儿。蒙眬之间，感觉有道人影坐在我床边。原来是任晴。

“姐，我饿了。”她说。任杰在一旁点了点头，他的小肚子还很应景地响了一下。

“我这就去给你们做饭。”我软绵绵地应了一句，可是手脚无力，身上还一阵阵发冷。

我刚进厨房，爸妈就回来了，他们看上去很疲惫的样子。

“爸妈很忙，你连家里的卫生都不知道收拾一下吗？”

一回来就是数落我！我顿时眼眶一红。

巴掌和枣子都不想要

任晴在一旁帮我解释说：“姐姐今天不大舒服。”

妈妈这才放缓语气：“……柜子里有药，吃完饭记得去喝。”

饭后，喝完药，我将杯子送进厨房，妈妈正背着我洗碗。察觉我走到她身边来，她叹了口气说：“萱萱，家不是讲道理的地方，我希望你能明白这点。”

我从不奢求她能向我道歉，但听到这番居高临下的吩咐，我终于忍不住了，所有的负面情绪像惊涛拍岸一样爆发出来：“那就能一点儿道理都不讲吗？是，错的都是我，就因为我是长女，你是母亲，所以我做什么都不对，而你一点儿错都没有！”

我跑到房间里哭了一场，趴在床上沉沉睡了过去。

隐约之间，我感觉到有人帮我脱掉外套和鞋子，用热毛巾认真帮我擦了脸，然后替我掖好被角，轻轻带上门离去。

我的眼眶再次湿润了。

打个巴掌，再给颗甜枣，我就能不生气了吗？巴掌这么疼，枣子再甜我也不想要了。

我不求有多好的生活条件，只希望父母用关爱和理解来对待我，我就可以动力十足地过好每一天，不觉得累。可是现在，我却将自己埋在枕头里，累得连眼皮都睁不开。

阳光姐姐，你是不是家中的独女？你一定不会遇到我这种烦恼吧。唉，我该怎么办才好？希望你能给我一些建议。

不想当长女的任萱

惜呆兔咪 圆桌会议

看了那么多家里老大的烦恼，我觉得自己好幸运啊，没有弟弟妹妹。
可是现在大人都在说什么“生二胎”，说不定哪天你就有弟弟妹妹了。
啊，不过我妈妈应该不会逼我做家务、带小孩吧。
嗯，相信你妈妈不会的啦！
说到底，这些烦恼都是因为大人不负责任吧。
就是，这个长姐简直都成了大家长嘛。可是她毕竟也是小孩啊！总不能非要人家做到完美吧，那还要爸爸妈妈干什么？

阳光姐姐的回信

我们经常在电视上看到诸如此类的新闻——“10 岁女童承担家庭重任，照顾 XXX”。每次看到这样的事情，我一点儿都开心不起来。

没有哪个小孩应该承担这样沉重的担子。只是在有些境况落魄的家庭里，这实属无奈之举。但是，如果父母把这当作理所当然，不仅不心存感激，还要百般苛求，那可真是太不公平啦。

我赞同小孩子要有一定的独立能力，大人不是孩子的奴仆，孩子更不应该成为只知道张嘴伸手的“生活白痴”。但是，当一个小孩的独立能力被过度“榨取”，也是十分让人心疼的。

任萱显然是个内敛又懂事的孩子，在感到极度委屈、已经忍受不了的状态下，你才终于爆发。毕竟，你对弟弟妹妹付出了关心，自己却得不到应有的重视和关注呀。

你说，爸爸在工地做工，妈妈在菜市场卖早点。我想，你的父母走出家门后，一定也要独自面对许许多多的辛苦吧。你应该也能理解父母的难处——每天忙完工作，他们的精力恐怕已所剩无几。

或许，爸爸妈妈和你之间，还缺少一些细腻的关心。世界上忙碌又辛苦的父母很多，不过这些不该是忽略孩子内心感受的借口和理由。所以，我真心希望你能把自己的心情传达给父母，更希望父母面对大大小小的孩子，都能更随和一点儿。因为，就算是长女，也还是一个需要关爱的小孩呀，她也需要多多夸奖，害怕劈头盖脸的责备。更何况，她真的已经很懂事了。

在我们那个年代，大家基本上都不是独生子女，家中大孩子带小孩子，是很常见的。可能因为所有人都习以为常了吧，我们和大人都不是特别在意这件事。当然，现在和以前相比，很多事情都不一样了。现在的小孩，被家庭和学校束缚得更厉害,所以,连我也想你们能少一点儿负担，多一点儿开心。

不过，不要害怕，就算艰难，也依然会是一段成长。

而且我相信，妈妈的内心是知道心疼你的，或许，她只是和你一样，内敛而不善言表；又或许，在你看不到的地方，她也有着很多辛酸和身不由己。因此，但愿你们能相互传达出自己的内心，彼此都成为称职的家人。

成长故事袋

汤米的妈妈生了重病。

春光正好的时候，盆栽里养的花却凋谢了，汤米的妈妈随之而去。

许多人赶来参加妈妈的葬礼，汤米环顾四周，大家像他一样穿着朴素的黑衣服，还有人在水仙花香中抹泪。

汤米的妈妈是班主任，向来宽博待人，却对汤米十分严格。汤米更喜欢跟爸爸一起玩，毕竟足球场总比戒尺更吸引人。

汤米的妈妈走后，家里空荡荡的，显得十分冷清。

汤米觉得很无聊，他在妈妈的房间里乱逛。他在书架上，一株仙人掌旁边，找到了一个笔记本。本子看上去有些年头了，书页泛黄，边角磨损得却并不严重，应该曾被人悉心保存着。

汤米随手翻开一页，看见书页中央嵌着一张黑白照片，照片里立着一位身着长裙的女子，眉眼很熟悉，应该是妈妈年轻时候的模样。

她面庞娴静，身旁垂柳依依，她似乎在透过柳树柔韧的枝条看着天边飘来的浮云。

照片下写着那时的日期，算一下，正是妈妈二十出头的年纪。

汤米又向前翻了几页，照片中，穿着制服的少女抱着一只花猫，笑容甜甜的。

原来妈妈也养过猫！汤米有些惊讶。他想起之前，他路过一家宠物店，缠着妈妈要将小黑猫买下，妈妈却严肃地问他：“爸爸妈妈工作都很忙，肯定不能时时帮你照料，你自己可以喂养小猫吗？你能悉心照顾它吗？你能够承担这份责任吗？”

汤米被问得哑口无言。如果是爸爸在场的话，爸爸一定会让他买下这只黑猫的，而妈妈只会找各种理由、各种借口让他无法达成心愿，她一直都是这样。

之后，妈妈又记录了她和花猫“芙劳沃先生”之间发生的趣事，汤米烦躁地向后翻了好几页，一行小字赫然映入眼帘：“它走了。”

这是一张关于猫窝的照片，看起来很舒适的猫窝已然空无一物。汤米感觉自己的心好像被人挖掉了一块。

芙劳沃先生与妈妈一起长大，陪伴她度过了最灿烂的青春年华，妈妈对它的感情一定很深吧。

“你能悉心照顾它吗？你能够承担这份责任吗？”言犹在耳。汤米好像明白了什么。

他开始细细翻阅妈妈的笔记本，他看到了妈妈追逐梦想的历程，读她激励自己的话，心情随之激昂。

后来她遇到了爸爸，字里行间都透着恋爱的甜蜜。二人感情稳定，步入婚姻殿堂。不久后，妈妈怀孕了。

“听说每个孩子都是天上星星转世的，他不用是最闪亮的那颗。”妈妈这么写道，语气珍重。

这是……我吗？照片里那小小的一个点，看着就像种子，又像顽石。汤米摇了摇头，手指拨动书页。

“他来了。”照片下的日期是汤米的生日。

刚出生的汤米皱巴巴的，模样像只瘦猴子，看起来不大健康。果然，初生的汤米体弱多病，常夜半发高烧，爸妈连夜送到医院，直到医生宣布汤米脱离危险，他们才能稍微松口气。

下面的这张照片应该是妈妈拍的，爸爸伏在病床边小憩，妈妈一定整晚都没有合眼吧。

汤米心中有些酸涩，他又向后翻了几页。

接下来这张照片很奇特，画面中只有一只空盘子。汤米记起来了，他从小就很挑食，又爱吃独食，是个不折不扣的馋嘴猫。这天妈妈工作上遇到了不顺心的事情，情绪很低落，为了哄她开心，汤米头一次把盘子里的花椰菜吃得干干净净，还主动为妈妈夹了她喜欢吃的。

一件微不足道的事情，却让她如此雀跃。

汤米想，就像他从未学习过要怎样当一个孩子一样，爸爸妈妈也没有被培训要怎样做好父母。妈妈也在努力变得更好。

汤米慢慢翻看，一张没有粘紧的照片从书页中掉了出来，汤米捡起一看，图中一家三口紧握着手，这是在妈妈进入手术台之前摄下的。

妈妈的手原本很好看，如今却尽失颜色，像是垂老的树枝。照片下的字迹也显得浮泛，没有一贯娟秀的笔势。

“如果妈妈不能再陪伴在你身边，希望你能够带着快乐继续生活着。你要想我，但不用每分每秒都想着我。而我爱你，并且会一直爱下去。”

来不及说再见，来不及发现这些琐碎的心情，来不及安抚妈妈的病痛，将她从那个晦暗的世界里拯救出来。

她所做的一切都没有得到回馈，我就这样永远失去了她。

汤米一边想一边还想继续读下去，可是翻过这页，之后的书页全然空白,他好想这些纸上立即出现熟悉的字迹，出现内容缤纷的照片，永远不要间断，永远不要结束……

“汤米,你在做什么? ”汤米回过头,看见爸爸站在门口。

父子二人同时陷入了沉默，显然爸爸已经读过了汤米手中的笔记本。他们坐在一起，将笔记本从头到尾认真翻阅了一遍，彼此眼中都亮晶晶的。

“爱哭鬼。”汤米的爸爸说。

“爸爸也是爱哭鬼。”汤米吸了吸鼻子，哽咽着说，

“我……我会做一个小男子汉的。”

汤米的爸爸吻了吻汤米的额头：“那爸爸就做大男子汉吧，我的汤米。”

父子两人击掌，达成了关于男子汉的协议。

汤米收好妈妈的笔记本，一旦生活中发生了有意思的事情，他就在本子上续写。汤米甚至自学了摄影，他的作品获得了不少国际奖项。

很久以后，汤米娶了自己的心上人，还有了小汤米。

汤米将笔记本展示给小汤米看，小汤米捧着笔记本，像读一本厚厚的故事书。

“为什么人们选择把爱意深藏在心里，而不是当面说出来呢？”小汤米问道。

“因为爱并不局限于这一种表现形式呀。”汤米说，他笑着摸了摸小汤米的脑袋。

这时，妻子推门走了进来：“大宝贝、小宝贝，去洗手准备吃饭了哦，有你们最喜欢的水晶虾饼。”

父子俩对视一眼，同时欢呼道：“万岁！”

成长箴言笔记本

孩子需要相信自己和父母之间的爱，给予父母理解。同样，父母更应该先付出同等的关心。

人归落雁后，思发在花前。

——薛道衡

母爱无所报，人生更何求。

——李商隐

举目时，她是皓皓明月。垂首时，她是莽莽大地。

——洛夫

天下最苦恼的事莫过于看不起自己的家。

——［英］狄更斯

心灵加油站

请依照直觉看下面的风景图，从下面四个选项中选择一个你感觉最强烈的部分。（本测试是针对父母开放的喔）

凭直觉看，你最先看到这幅图中的什么？

A. 华丽的小船

B. 太阳、云朵图

C. 小树与松鼠

D. 花园小屋

结果分析

A. 华丽的小船【完美型】

表现：强迫倾向，过分关注细节，不仅孩子很难达到父母的标准，父母也容易被误会难相处。

建议：从小事情开始赞美，让孩子学会如何欣赏自己和他人。

B. 太阳、云朵图【空转型】

表现：缺乏方向，不知从何着手，父母花很多力气却常事倍功半，孩子依然没有进步。

建议：针对立即的、当下的行为赞美，强调愿意去做比结果重要。

C. 小树与松鼠【压力型】

表现：担心孩子表现不如预期，觉得孩子的表现就是父母的成绩，本身易受到压力影响，常感到沮丧。

建议：赞美不要附带条件，以免让孩子觉得自己永远都不够好。

D. 花园小屋【权威型】

表现：担心孩子夸不得，但却常以实质奖励为主，反而使孩子会错意。

建议：赞美不要包含负面讯息，使孩子感受到信任感和被肯定。

重大提示：本测试仅供娱乐参考喔。希望所有的爸爸妈妈能和孩子们互相理解，互相关心，让家庭的幸福感更加强烈！

苦恼来信

失去宠爱的宝贝

幸福的生活不见了

最近的我过得很不好，每天，我几乎都活在悲伤之中，因为我的心里有个超级大的心事。如果你愿意听，请听我一一道来。

原来的我，是家里唯一的宝贝。爸爸妈妈非常宠我，我在家里可以说是要风得风要雨得雨。妈妈总是给我买好看的衣服，还特喜欢夸我说：“还是我们家宝贝最可爱，妈妈最爱你了！”我穿着漂亮衣服，看着妈妈宠爱我的目光，心里头美得要飞起来。

爸爸也很爱我，虽然他老出差，但是每次

他都会给我带不同的礼物回来。有一次，爸爸出差大概有一个星期的时间。他回来的那天，我兴奋地跑去开门，爸爸一下子就把我抱进了怀里。我到现在都记得，爸爸的怀抱好温暖啊！

以前每次放假，爸爸妈妈经常会抽空带我出去旅游。就算没有太多时间，他们也会带我在家附近的游乐场呀，公园呀，玩一玩。

那时候的我，实在是太幸福了！可是后来，这样的生活就一去不复返了。因为，妈妈生了小弟弟。

自从弟弟来到我们家，我就再也不是原来爸爸妈妈心目中的宝贝了。我变成了家里可有可无的存在。而全家人关注的目光，当然是被那个还不会说话，只会哇哇大哭的弟弟抢走了。

弟弟哭了，爸爸妈妈轮流抱着他，非常温柔地哄着他；弟弟笑了，爸爸妈妈更开心，围着弟弟逗个不停。我站在旁边看着他们欢乐的样子，觉得自己是个多余的人。我多么希望我能取代弟弟呀！

弟弟抢走我的爱

我承认，弟弟小小的，确实很可爱。可是在我眼里，他又是那么可恨。因为他抢走了原本属于我的一切！阳光姐姐，你可千万不要认为我是一个坏女孩啊。我不是坏女孩，我只是一个被弟弟抢走了所有爱的可怜女孩。

有一次，爸爸本来正在帮我检查作业。我有一道题不会做，也正在问爸爸。

可这时，一阵号啕大哭的声音传了过来。爸爸一下子丢开我的作业本，猛地站起身，往弟弟所在的方向冲了过去。我在旁边，差点儿被爸爸撞飞了。

爸爸丝毫没有注意到，他的女儿差点儿因他受伤！

我拿着作业本追过去，说："爸爸，这道题你还没教我怎么做呢。"

爸爸一边抱着弟弟，嘴里一边念叨着："小宝儿，不哭不哭。"然后他回头，漫不经心地朝我说了句，"不会做明天到学校问老师吧！"就转过身继续哄弟弟。弟弟被哄得很开心，咧开嘴笑了起来。而我的心里，却下起了淅淅沥沥的小雨。

弟弟到来以后，我的心里仿佛就只剩下雨季。

而妈妈也不再是以前的妈妈了。虽然妈妈还是像以前一样，不会朝我发火。可是我能感觉到，妈妈好像没那么爱我了。妈妈以前的目光都在我身上，她会夸我漂亮，奖励我学习进步，每天放学回到家还会抱抱我。而现在，一切都消失了。

我和妈妈之间好像隔了一堵看不见的墙。无论我表现有多好，她都不会再用以前那样的目光看着我了。她看的是弟弟。她要给弟弟喂奶，要陪他玩耍，给他讲故事。

可是难道我就不需要陪伴了吗？我也想让妈妈陪我玩，给我讲故事啊！

我像一个“灰姑娘”

每天一听妈妈喊弟弟“宝贝”，我就很生气。这个称呼以前是妈妈专门用来喊我的！于是，我就和妈妈约定说："妈妈，以后你叫我'宝贝'，叫弟弟只能叫'宝宝'！"

妈妈抱着弟弟，很敷衍地点头答应了。

可是昨天我放学回家，听到妈妈抱着弟弟时，嘴里还一直喊的是"宝贝"。大人怎么可以这么不守信用呢？

弟弟出生以后，连奶奶也搬来我家和我们一起住了。好像是爸爸妈妈把奶奶接过来的，这样他们上班的时候，弟弟就可以暂时由奶奶照看。而我一直都很怕奶奶的，因为她脾气很不好，骂人的声音特别大。

自从奶奶来了家里以后，我做事情都提心吊胆的，生怕被奶奶骂得狗血淋头。但是她对我和弟弟，却完全是两个样子，就好像她有两张面孔一样。

面对弟弟的时候，她便乐呵呵地，一直笑啊笑。而看见我，一下子就不高兴起来。我可以确定，我根本没有做惹怒她的事情！

更过分的是，弟弟有时候任性，就会一直哭，怎么哄都哄不住。而奶奶哄不好弟弟，爸爸妈妈就会责备奶奶没照顾好弟弟。奶奶听了很生气，就把气全撒在我的身上。

我真的是全世界最无辜的人了。

真不知道我怎么会生在这个家庭，被所有人这样欺负呢？为什么原本也是宝贝的我，会有这样的命运呢？我哪里比弟弟差呢？那些家里新来了弟弟的人，也像我一样可怜吗？

这个小东西，真不知道他到底施展了什么法术，让全家人都围着他转。我有时想：小坏蛋！好讨厌啊！可是，我趴在他的婴儿床旁边，看着他的脸，又心软了——他肉嘟嘟的小脸看起来真可爱，他身上满是奶香气，他是纯洁的小天使呀！这样的小天使，我怎么恨得起来呢？

阳光姐姐，这些事我只告诉了您一个人，以前我都是憋在心里。我晚上经常会想着想着就泪流满面。

难道，我只能这样悲惨下去了吗？

寂寞的小熊

惜呆兔咪
圆桌会议

我们四个都是独生子女，没有这样的苦恼，应该很幸运吧？
可是我妈妈总说，以前他们都有很多兄弟姐妹，从来都不会孤单，她总是担心我孤单。我觉得我妈想得太多了，我有很多好朋友啊！
我觉得独生子女有自己的自由世界，不过，如果有个小弟弟或者小妹妹，应该也挺好玩的。
可是小熊不觉得好玩，她觉得很悲惨啊。
呃……是呀，因为爸爸妈妈忽略她了啊。

是不是有了小宝宝就很容易忽略老大啊？
小婴儿又没有自理能力，爸妈照顾得肯定要多一点儿呗。
但是我觉得他们应该多考虑一下大女儿的感受呀！顾此失彼不好吧。
爸妈又不是超人，他们精力有限，哪能面面俱到啊？
好啦好啦，你们怎么还吵起来了？

阳光姐姐的回信

如果对小学生们做一个调查，问大家："希望爸爸妈妈生小弟弟或小妹妹吗？"会有很大一部分同学说："不希望"，而原因就是——害怕小宝宝的诞生，会夺去爸妈对自己的爱。

作为一个大人，其实我想请大家放心：正常的妈妈，她对每个孩子的爱是一样的，爱不会因为新宝贝的诞生就被分走。当然啦，爸爸妈妈的注意力，确实会被分走很大一部分，这是因为小婴儿真的需要格外多的照顾呀。不过请你想一想，在你小的时候，他们也是这样无微不至地照顾你的哦，只是，你早已不记得啦。

所以，爸爸妈妈对小宝宝的细致照顾，是必须的，因为他还那么脆弱，那么幼小。

然而，优秀的父母，的确应该要考虑一下家中另一位大孩子的感受，就像小熊，你心中也正充满不安全感，无比害怕自己从此成为多余的那个孩子。虽然你的妈妈答应了你，将你和弟弟的称呼分开，却没能坚持做到，这是不对的。我建议父母们注意维持自己和大孩子的亲子互动和共处时间。

当然，小熊，你也要调整自己的心态。首先要理解爸爸妈妈，因为小弟弟实在是比你更需要他们。另外，你也可以加入他们的队伍，一起照顾、观察可爱的小弟弟，说不定你会成为贴心又成熟的大姐姐哦。等小弟弟长大一些，你一定会多出一个很好的玩伴，这还真是独生子女不能享受的好处呢。

小熊也可以大胆地将自己的心情传达给爸爸妈妈，让他们知道你心中的煎熬。放心吧，他们真的很爱你，只要你大胆表达，他们一定会听到你的心声。

希望你的悲惨顺利转成幸福，快快过上一家四口的幸福生活哦。

成长故事袋

在一个非常普通的小镇上，住着一个非常淘气的小男孩。他实在太调皮了，以至于大家总是叫他“小疯子”。小疯子每天疯疯傻傻，正处在天真烂漫、不管不顾的儿童时光。

家里人不常教训他，因为小疯子虽然玩得疯，但是从来都不会给家里惹麻烦。但是突然某一天，他发现，有个人的到来，好像改变了他原本自由的生活。

这个人，不是别人，而是他刚出生的妹妹。

曾经，家里的客厅是小疯子的天下，他骑板凳、爬桌子，玩得很开心,客厅里也就“咚咚咚”一直响。爸爸妈妈偶尔会提醒他要稍微小点儿声，但是也不会干涉他的游戏王国。可现在，爸爸妈妈不同意他在客厅闹腾了。

他的游戏王国，已经被禁止开放了。小疯子有点儿生气，也有点儿纳闷。

束手束脚了大半天的小疯子憋不住了，他来到妹妹的摇篮前，瞪着圆眼睛看着摇篮里的小人。

她的脸白白嫩嫩的，睡得正香呢。

“真想戳一戳看看，不知道软不软呢？”小疯子这么想着，一只手情不自禁地往妹妹雪白的脸蛋上戳了过去。

随即爆发的，就是一阵惊天动地的哭声。小疯子被这哭声吓了一大跳，呆在原地不知所措。他不明白，他只是轻轻戳了一下，为什么妹妹会这样大声地哭呢？

很快，这哭声就引来了更大的暴风雨。爸爸妈妈第一次动手打了他，虽然只是轻轻一下。

“妹妹很脆弱，你不能把她当玩具，知道吗？”妈妈心疼地抱着哇哇大哭的妹妹，严厉的目光直直地看着小疯子。

小疯子被打得愣住了。自己并没有闯什么祸，可为什么会被打呢？

爸爸妈妈总说妹妹太脆弱了，可他一点儿也没看出来，明明她哭的声音比谁都大。

从那以后，他在家里不得不像个“小淑女”一样。因为妈妈说，不能发出太大的动静，会吓到妹妹。小疯子觉得这太奇怪了，妹妹到底是什么生物，为什么要这样保护她？

直到有一天，爸爸妈妈在浴室给妹妹洗澡。小疯子想，这是个好机会，趁机偷看一下，妹妹到底有什么特别的。

他注意到，浴室里暖烘烘的，妹妹被爸爸宽宽的手掌托着，好小好小。她的脑袋小小的，身子小小的，更神奇的是，她的手和脚只有他收集的迷你赛车那么大！

妹妹可能是从小人国里来的。小疯子这么想。

可是第二天，小人国来的妹妹就生病了。

爸爸说：“妹妹昨天洗澡着凉了，我和妈妈带她去医院，你在邻居家里先待着，好不好？”

当然好！小疯子太高兴了，妹妹不在，他又自由了！可是他也看出来，妹妹好像真的很脆弱。昨天的浴室那么温暖，妹妹居然还着凉了。

妹妹这次生病，折腾了很久都没好。爸爸妈妈每天又要上班，又要带妹妹，很累很累。

妹妹也很不好过，他看到婴儿床里的妹妹，总是皱着小眉毛，哭红了脸。

妈妈说："像妹妹这样的小婴儿，一不小心很容易生病，生起病来很难受，又不会说话，所以只会一直哭。你能理解妹妹吗？"

"嗯嗯！"小疯子点着头。

妈妈笑了，她摸了摸小疯子的脑袋，又问："照顾小婴儿很费力气的，因为她什么也做不了，必须爸爸妈妈为她安排。但是爸爸妈妈的精力有限，所以经常会顾不上你，你能理解吗？"

小疯子摇了摇头："不太能理解。"

于是，妈妈就让他也参与到照顾小人国妹妹的过程中来。

妹妹一哭，他就跑了过去，可是他不知道妹妹为什么哭，不知道该怎么办。妈妈说："妹妹可能是尿尿了。"

小疯子帮忙把尿布取下来，一看，果然是尿尿了！可是换了干净的尿布，妹妹的哭声一点儿也没小。小疯子又着急了。

妈妈笑了笑，又说："妹妹可能也饿了，你去把奶瓶拿来，我们来试一试。"

小疯子飞速地跑到厨房，爸爸一边在做饭，一边还要抽出时间泡奶粉，一阵手忙脚乱。小疯子想，大家都好忙呀。

等妹妹把奶嘴含上，哭声稍微缓了缓，然后又大了起来。妈妈也有点儿着急了，她慌乱地取下妹妹含着的奶嘴，抱着妹妹站起身，轻轻摇晃着她的身体。

小疯子想，这下就帮不上忙了。

妈妈摸了摸妹妹的后背，恍然大悟，忙对小疯子说："帮妈妈去衣柜里拿件妹妹的上衣吧，妹妹是太热了，出汗啦。"

小疯子拔腿就跑，翻箱倒柜找了半天，总算找到了妹妹的小衣服。小疯子把小衣服拿在手上，嘿嘿直笑。衣服真的很小，像玩具一样。

直到妈妈帮妹妹换了干爽的衣服，妹妹这才停止哭闹，安安静静地在妈妈怀里喝着奶。小疯子想，妹妹的哭声简直跟谜语一样，让人猜不着。

虽然哭起来的妹妹让全家人都忙手忙脚的，但是一旦安静下来，真像个小天使。小疯子看着妹妹，心里开始有了点儿不一样的感觉。

和爸爸妈妈一起照顾妹妹让小疯子感受到，照顾婴儿真的比考试还难。

可是妹妹不会永远是小婴儿呀，她很快就能长大。妹妹四五岁以后，小疯子就发现，自己不但又恢复了以前的自由，身边还多了一个小小疯子——妹妹。他的游戏王国总算又开放啦。

看了这个故事，大家对于自己刚出生的弟弟或妹妹有没有新的感受呢?

家里多了小婴儿，而自己原本受到的关注大打折扣，这是很多刚有了弟弟或妹妹的孩子普遍的感受。但是，这就代表爸爸妈妈已经不爱你们了吗?

当然不是。爸爸妈妈爱你的心，一点儿也不会比新来的弟弟或妹妹少。只是刚出生的小宝宝，非常脆弱，他们需要更加精细的照顾。而爸爸妈妈精力有限，时间有限，所以有时候难免就疏忽了同样需要关注的你。

爸爸妈妈没有告诉你这些，你能理解吗？如果你对爸爸妈妈的忽视有意见，也请你大声告诉他们吧！让他们知道自己的错误，明白你的不满。大人有的时候，也需要孩子的提醒喔。

希望你能喜欢你的小弟弟或者小妹妹，因为你们有了彼此的陪伴，就会收获双份的快乐。

成长箴言笔记本

要说这个世界上最爱你的人，不用怀疑，一定是你的爸爸妈妈。因为是他们把你带到这个世界，给你无尽的爱和温暖，也给了你体会这美妙世界的机会。

父母和子女，是彼此赠与的最佳礼物。

——［德］维斯冠

一家人能够相互密切合作，才是世界上唯一的真正幸福。

——［法］居里夫人

和睦的家庭空气是世界上的一种花朵，没有东西比它更温柔，没有东西比它更适宜于把一家人的天性培养得坚强、正直。

——［美］德莱塞

心灵加油站

1. 爸爸妈妈为你做过的事情中，让你印象最深刻的是哪一件呢?

2. 你在家里帮忙做过家务吗? 做家务的感受如何呢?

3. 你有为父母做过什么特别的事情吗?

要知道，爸爸妈妈又要工作又要做家务还要照顾孩子（也就是你），这是非常不容易的事情。所以我们要多多体谅亲爱的老爸老妈喔！

苦恼来信

熟悉又陌生的家

阳光姐姐，你好！我是一名五年级的小学生，是你的忠实粉丝！最近，我太需要一个能说说心里话的人啦，你愿意听我说吗？

我最喜欢你写的《单翼天使不孤单》，书里的故事让我非常感动——单翼天使只要拥抱彼此，就能幸福地飞翔！只不过，虽然我是一个“双翼天使”，但是我也很孤单。

你可能会疑惑，有爸爸妈妈的孩子怎么会孤单呢？这件事，还要从我小时候说起。

听我奶奶说，我刚出生的时候，爸爸妈妈

为了赚生活费，工作非常非常忙，他们根本抽不出时间来照顾我这个可怜的小婴儿。于是，他们做了个决定：把我留在乡下的奶奶家。这样一来，我就有人照顾了。

就这样，当我还是个小不点的时候，我就被迫和爸爸妈妈分开生活了。他们周末有空的话，会过来看我，节假日也会把我接回家里，和他们一起过节。

我的确是有人照顾了，奶奶对我特别好，她从来不对我发火，对我关心得不得了，和奶奶在一起，我真的很幸福。每次爸爸妈妈来的时候，我也格外开心，只是，我好像不知道如何与爸爸妈妈亲密起来。我们之间可说的话，似乎不是很多。在我心里，那个最亲的人，是一直照顾我的奶奶呀。

等到我开始上小学了，爸爸妈妈的工作也轻松了一些，我不用再住在奶奶家里了。我回到了自己的家，可是，我心里却觉得很陌生。明明这才是我的家，我却无比想念奶奶。我对这个家里的一切都不熟悉，有时候想喝个水，找杯子都要找很久呢。家周围的环境，我也不熟悉，我有点儿害怕在附近随便走动，心里始终有种隐隐的畏惧感。

但是我没有把这些告诉他们，我怕他们再把我送走，也不知道要怎么和爸爸妈妈说心里话。

不太愉快的聊天

我很羡慕我的同桌，她叫小茵，是一个特别幸福的女孩。她的爸爸妈妈，就像她的朋友一样。

小茵说："在我家里，我和爸妈无话不谈。不但妈妈是我的闺蜜，爸爸还是我的男闺蜜呢！我有什么秘密都可以跟他们说的。"她说这句话时，满脸自豪，幸福得要飞起来。

我为她感到开心，也为自己感到难过。我也很想和爸爸妈妈成为好闺蜜、好朋友啊！我向小茵请教了一下："怎么和爸爸妈妈聊天，说心事呢？"

"很简单啊。找个合适的时间，把你想说的说出来，不就行啦！”小茵非常轻松地回答了我。

我却觉得这一点儿也不轻松。把想说的说出来，这听起来是很寻常，可对我来说真的很难。一直以来，我什么事都憋在心里，从不轻易说给别人听。

有一次周末，我作业早早写完了，而妈妈在旁边拖地。我想，现在就是个好机会，快说吧！

“妈妈……”我讪讪地开口了。

“嗯？”妈妈一边弯着腰拖着地板，一边漫不经心地回应。

虽然心里打着鼓，但是我努力装作很轻松的样子，开口道：“告诉你一个秘密，我们班有个女生居然喜欢隔壁班的班长。”

妈妈的动作停了下来，她直起腰，盯着我使劲儿看，神情很严肃：“谁啊？不是你吧？”

“当然不是我！是我后面的一个女生啦！我上次……”

我的话还没说完，就被妈妈冷冷地打断了：“别人的事你就少管了，管好自己的学习就行。作业写完了吗？写完了好好检查检查。”妈妈说完，又继续弯腰拖地。

我的话被堵在嘴里，失去了想说的欲望。

亲密比登天还难

但是我不想放弃，我还有一个机会——跟爸爸聊天。

每次我写完作业，爸爸下班回来都会给我检查。我抓住爸爸正在检查作业的机会，开始了我的尝试。

“老爸，昨天我们班在卫生评比中得奖了！”我鼓足了十二分的勇气，才把这句话顺利地说了出来。

“噢，那不错。你看看你这道题，小数点又标错位置了。我不是跟你强调过了吗？在考试中，一个小数点的失误就能扣很多分！”爸爸指着作业本上的习题，捏了捏我的耳朵。

我无话可说，沉默地站着，可是眼泪却在眼眶里不停地打转儿。

有的时候，语文老师会给我们布置课外朗读的作业。老师说，一定要朗诵给家长听，第二天她要查看家长意见。我很喜欢朗读，但是很怕在家里朗读。因为爸爸妈妈从来没有用心听过我的朗读。

我朗读的时候，他们总是有其他事情要做。我每次读完以后都很兴奋，觉得自己这次情感非常充沛，读得也非常流利。

我就问妈妈："妈妈，我读得怎么样？"

妈妈刷着碗，说："读得还行，你自己在家长意见栏打个良好吧。"

"好吧……"我的喜悦被冲淡，回到房间，自己给自己打了分。

朗读是我最大的爱好，我多希望妈妈能夸夸我，说我读得真好！我多想跟我的爸爸妈妈更亲近一些，我多想和他们聊一些学习以外的事情啊！可是这就是我的命运，因为从小被送走，所以我注定无法和他们亲密。

阳光姐姐，你是我最后的希望了，你能帮帮我吗？

最后祝阳光姐姐一切如愿！

提苏米兔

惜呆兔咪圆桌会议

我才发现，原来能在爸爸妈妈的陪伴下长大，是这么幸福……

是啊，有点儿难以想象，因为对我们来说，爸爸妈妈是最亲的人了。
我甚至都没有想过，爸爸妈妈和我是怎么变得这么亲密的。
当然是朝夕相处处出来的啦。我们小时候都是爸妈一手带大的，日久生情嘛！

那提苏米兔之前很久才见到爸妈一次，大概……大概就像我见什么叔叔阿姨之类的亲戚咯。
噢……你这么一说，是挺有陌生感的。这样的爸爸妈妈，可能连我的性格都不是很了解，更不清楚我的生活习惯，不知道我上厕所要多久，是不是爱抠脚丫……
住嘴！这些你就不要说了！
惜城的意思就是，彼此真的很不了解嘛。
不怕，时间是最好的良药。

阳光姐姐的回信

总是有孩子们对我倾诉烦恼，请我帮忙解决。我仿佛成了有魔法的巫师，挥一挥魔杖，烦恼就烟消云散。

我也希望自己有那样的魔力啊。因为，世界上总是有很多事，很难改变。

打个比方，假如有个腿脚残疾的孩子，总是觉得自己和别人不一样，很是苦恼，于是想请我帮忙。那么，我能治好他的腿吗？我无能为力。但我可以告诉他，他唯一能做的，是清除自卑心，不要那么在意别人的眼光，给自己一个自在的世界。

很多时候，我们的烦恼来自于自身之外，而且这烦恼的来源很难改变和去除。我们需要做的，就是调整自己的心态。

提苏米兔也一样哦。你过去的童年已经定格，融洽的亲子关系是长期相伴培养起来的，你刚刚和爸爸妈妈生活到一起，感到陌生是很自然的。不过，只要你想，只要你不害怕，你就可以改变现实！

首先，开始熟悉新环境吧，摸清楚家周围的边边角角，大胆地去周边走走，说不定还能认识附近的小伙伴呢。

另外，你试着和爸爸妈妈聊天的尝试，其实很正确呢，只是你可能选错了时机和话题。秘密什么的，可不适合这么早分享啊。在家里吃饭的时候，是很轻松的聊天时机，你可以和爸爸妈妈谈谈学校里发生的趣事和大事，谈谈你的同学和朋友们（小心，别急着讨论私密话题啊）。如果大家一起看傍晚的新闻，你也可以自然地去发表你对各种大小事的看法。平时自己的情绪、困惑都可以向爸爸妈妈表露。交流这件事，只要你努力，我相信，一定能看到成果。

只是你的爸爸妈妈……哎呀，我想，也许你什么事都憋在心里的性格，还真有点儿遗传他们呢。你的爸爸妈妈似乎也不太知道怎么“有爱”地跟你相处，不过这不能全怪他们。因为，你从小没有过多地和父母交流，而他们，也没有过多地和女儿交流。或许，他们也是一对不够成熟的父母，他们和你一样，都需要时间去学习如何更好地和彼此沟通呢。

提苏米兔，也许，你是让这个家注入爱的法宝呢。爱是相互的，只要你不放弃尝试，我相信爸爸妈妈的心中也会有更多柔软的爱。在爸爸妈妈的生日时，或许你可以写小卡片给他们，写一些自己的心里话——要说出来很难，那么写出来，会不会简单一点儿？

你可以多要求一点儿和爸爸妈妈相处的时间——一起逛超市，一起逛书店，一起出去玩，一起做家务……其实，感情就是在很多小事中培养的。所以，我衷心地希望，时间会让你充满爱的努力得到回报。

成长故事袋

有个国家的公主生病了，病了很久都没痊愈，这让国王非常担心。

公主告诉国王，如果能拥有月亮，她的病就会好。

国王立刻召集起全国的智者，命令他们想办法拿到月亮。

总理大臣说："这个月亮，肯定是在三万五千里之外，比公主的房间还要大！而且它是由熔化的铜做成的。"

魔法师说："根据我的占卜，这个月亮有十五万里远，而且是整个皇宫的两倍大！它是用绿色奶酪做成的。"

数学家也忍不住发话了："月亮又圆又平，像个钱币，有半个王国大，还被粘在天上，不可能有人能拿下它！”

国王又烦又急，究竟谁说得对呢？

小丑看见了国王忧郁的脸色，便忍不住开口问道：“陛下，您这是怎么啦？”

国王便将事情的前因后果讲给小丑听。

小丑听后，笑道：“你得知道公主心里的月亮长什么样啊！”

国王恍然大悟，他急忙来到公主的房间，和虚弱的公主聊了起来。

“女儿啊，你说的这个月亮，它到底有多大呢？”

“大概比我拇指的指甲小一点儿吧！”公主说。

“那它有多远呢？”国王又问。

“大概从我房间到花园水池旁的那棵树那么远。”

“那它是用什么做的呢？”国王心里高兴起来，事情总算有了点儿眉目。

“当然是水晶呀，那是一个水晶月亮！”公主非常笃定地回答。

国王把打听到的消息告诉了小丑，小丑微微一笑，说：

“陛下，请您给我一把铲子，我这就去把月亮给您找来。”

小丑拿上铲子，来到花园水池旁的树下，开始一棵一棵地挖。最后，果然在其中一棵树下，挖出了一个水晶做成的月形戒指。

原来，这个戒指是公主小时候就埋在树下的，那是她早逝的母亲留给她的遗物啊。

公主拿到了月亮，心情轻松起来，病当然也很快就好啦。

故事里，那些大臣说的月亮当然经不起推敲。但是有一点，我们能清楚地看到，其实每个人都有自己的月亮。这个月亮，就是我们的内心。

敞开心扉，让彼此看见对方心里的月亮，心的距离才能拉近。所以有时候，沟通可能并不是我说出了话，你听到了这句话就简单结束了。而是我说出了我对你的想法，你接受了我的想法并作出了我想得到的回应，这样才能开启一个良好的沟通。

等我们都开始专注地倾听对方的声音，我们就能看见彼此心里的月亮。

勇敢表达自己心里的想法并且听见对方的声音，这非常重要。关于这件事，我们或许还能请教一下古代的大家——墨子和他的得意门生。

墨子是春秋战国时期有名的思想家，他和他的弟子之间就有个关于及时沟通的小故事呢。

墨子有一个学生，叫耕柱。这个耕柱，由于天资聪颖，所以很受墨子的喜爱。

但是很奇怪的是，虽然耕柱很优秀，自己的老师也很喜欢他，但他却不幸地发现，他经常会被墨子批评。

有一回，墨子又当着众人的面，狠狠地批评了耕柱。

耕柱感到脸上火辣辣的，一点儿面子也没有。耕柱心里很生气，也很委屈。因为在那么多弟子当中，他是大家公认的最优秀的人，为什么老师却总爱教训他呢?

有了这样的疑惑，他当然没有默默憋在心里仇恨着老师，而是某一天愤愤不平地问出了口："老师，难道在您这么多学生中，我竟然差劲到每次都要被您责骂吗？"

面对学生的责问，墨子丝毫不动气，他慢悠悠地问道："假如我明天要上太行山，依你看，我是要用良马来拉车呢，还是用老牛来拖车呢？”

耕柱自信满满地答道：“自然是用良马。”

墨子又问：“这是为何？”

“理由很简单，因为良马足以担负重任，值得驱遣。”耕柱回答。

“你答得一点儿也没错，我之所以时常责骂你，也是因为你能够担负重任，值得我一再地教导和匡正。”

耕柱恍然大悟，原来老师行为的背后是这样的动机。他从墨子的解释中得到宽慰，总算放下了思想包袱。从此以后面对墨子的责骂，他更加谦虚恭敬地倾听了。

如果耕柱把心里的疑惑全部憋住不问，那么面对下一次墨子的责骂，他可能就会火山爆发，也可能从此丧失了求学的积极性。而墨子如果无视学生的疑惑，耕柱也不会受到后来的激励和鞭策。

听完这些故事，你的心里是不是稍微明朗了一些呢？沟通很重要，我们都明白，但是沟通并不是一个人的事情。要知道，心门的打开，一定是一个相互的过程。

良好的沟通需要的，是双方共同的努力呀。

所以如果你的心里有了想法，请明明白白地将它表达出来，让别人看见你心里的月亮。然后，你也就会有机会，看见对方的月亮。

请拿开心里的墙吧，让月光铺满你的心房。

成长箴言笔记本

每一堵看不见的墙，一定不会只是其中一方筑起心墙的结果。彼此共同的努力，才能让沟通真正地实现。

如果希望成为一个善于谈话的人，那就先做一个致意倾听的人。

——［美］戴尔·卡耐基

谈话的艺术是听和被听的艺术。

——［英］赫兹里特

推心置腹的谈话就是心灵的展示。

——［苏联］温·卡维林

所谓的耳聪，也就是倾听的意思。

——［美］艾默生

心灵加油站

1. 你的同桌这次考试考砸了，趴在桌子上默默哭泣，你会怎么安慰他（她）？（　）

A. 什么也不做，让他（她）一个人静一静……

B. 别哭啦，大家都在看你，下次好好考就是喽！

C. 给你纸，擦擦眼泪吧。我知道你现在很难过，我也有过这样的体会，不过你别灰心呀，下次继续努力嘛！

2. 同学周末过生日，邀请你一起参加，但是你那天刚好有钢琴课，你会（　）

A. 直接告诉他自己没时间，就不去了。

B. 先答应下来，等到了那一天再给他打电话说自己去不了。

C. 向他表示祝贺，但是很遗憾地解释自己周末没有空闲时间，并会在周一给他补上生日礼物。

3. 好朋友剪了一个新发型，很开心地问你这个发型怎么样，你会怎么回答呢？（　）

A. 不好看！跟你的脸型一点儿也不搭！

B. 还行呀，不过感觉好像不太适合你呢……

C. 还不错啊！你换了个发型，整个人也好像换了种风格！

结果分析 选项A、B、C分别对应0分、1分、2分。

0分或1分，哎呀，你的沟通能力可得好好加强一下喔。沟通可不是一项简单的活儿，这里的学问非常大！

2~4分，你的沟通能力一般般哟，如果能更好一点儿，会让很多事情都变得更棒喔！

5分或6分，你的沟通水平真的很赞！希望继续保持哟！

沟通可是一门技术活喔，不知道大家掌握得怎么样呢？

我的妈妈不属于我

阳光姐姐，我现在是一名六年级的学生。我从小就爱看你的书，是你的忠实粉丝。我只要一捧起你的书，就会爱不释手，甚至忘掉身边的一切，一看就是几个小时。

阳光姐姐，我有好多心里话想跟你说，就说这几天吧，有一个烦恼总是困扰着我。

我在学校里，是一向都被人羡慕的好孩子，在家里不愁吃不愁喝，学习成绩也很好（除了数学有一点儿差）。但我的妈妈太忙碌了，很少有时间陪我。她在学校对面开了一家店，店里的生意很好，每天都会有新老顾客光临，忙得不亦乐乎。就因为这样，妈妈连我的学习都不管不问了。

每天早上当我迷迷糊糊地醒来时，发现妈妈早就已经出门了。接着我就开始刷牙、洗脸，连早饭都要靠自己的双手。然后我就要背上沉重的书包，独自去上学。

当我走进妈妈的店里时，突然想起前一天老师让我们每位同学缴五十元的书费，便对妈妈说："妈妈，老师让我们今天缴五十元的书费……"

妈妈正在和一位顾客谈话，丝毫不把我放在眼里，我就像一缕清风一样，惊不起一丝涟漪。我有点儿生气了，眼看就快迟到了，我又说了一遍。后来，妈妈等顾客走了之后，火冒三丈地从钱包里拿出五十元钱，扔到我手里："就你最烦，我跟顾客说话，你个小毛孩插什么嘴！你给我上学去，我不想再见到你。"

伤心的眼泪在我的眼眶中涌了上来，我含着泪水走进了校园。妈妈从来都不陪我，每当有顾客来买东西，妈妈就对那位顾客特别温柔。她还常对我说："只有对别人好，人家才会来买东西。"

妈妈给我疼痛

一次，我正在家里无聊透顶，没什么事情可干。我心想：今天是周末，妈妈今天难得有时间在家里休息一天，要不让她陪我玩一天吧。可是我又一想：平时就算她有时间，也是一天到晚捧着手机……

想到这里，我不禁有点儿打退堂鼓。这时，门外传来"咚咚咚"的敲门声，我跑过去一看，原来是妈妈的朋友特地跑到我家里来找妈妈出去玩。妈妈看见朋友，想都没想就欣然答应了。

我一气之下，也不管不顾面子了，冲妈妈吼道："你给我站住，我不许你去！你除了每天看店，就是跟朋友出去，我怎么感觉我是你领养过来的，我的学习你漠不关心，对我也是极其冷淡，从小到大都是靠我一个人！"

我一口气说了一大篇话，本以为妈妈会反思自己的行为，会留在家陪我。然而，我万万没有想到的是，妈妈淡定地对朋友说："你先下去，等会儿我就下来。"等她朋友下楼之后，妈妈的脸一下子暗了下来，她话不多说，过来就是两个耳光。妈妈用力揪起了我的衣服，把我按到床上，用鸡毛掸子开始打起了我的屁股。

我忍着剧痛，等妈妈打够的时候，我发现屁股已经麻木，没有了知觉。这时，妈妈发话了："你真是丢尽了我的脸！我把你拉扯大已经很不容易了，还要每天看店，已经很辛苦了。现在好了，你翅膀硬了，竟然在别人面前说出这样的话，你真是太过分了！没见过你这样的孩子。我告诉你，你给我把数学学好才有用！"说完，就"啪"地一下关了门，连头也没回。

我憋了一肚子气，下定决心，一定要把数学学好，让妈妈对我刮目相看！

接下来的日子，我用自己所有的零花钱买了数学练习册。除了上课专注地听讲，课后认真复习数学老师教的新课。回到家里，我把买来的所有数学练习册，全部翻了出来，一道道做过去。在一段时间里，我一直沉浸在数学的海洋里。

我的失望与无奈

终于可以证明我的实力了！因为紧张而又激动人心的期末考试来临了。

当老师发下试卷之后，我迅速扫了一遍题目，小菜一碟，这些我都做过类似的题目。我一丝不苟地做起试卷，一道题一道题读过去。当做完所有题目时，我又一道题一道题地检查过去，直到满意为止。

今天下午，老师拿着一沓试卷满面春光地走进了教室。当拿到自己的试卷时，我惊呆了！我居然考了有史以来最好的分数——99分。

太好了！现在我可以拿着试卷跟妈妈炫耀了。一回到家里，妈妈看到我的试卷时，脸上绽开了笑容，并且答应和我玩一天。

那天，天格外的蓝，云格外的白，一切都格外的美好，我和妈妈牵着手来到了商场。当我们正要一起买电影票的时候，妈妈接到了一个电话，有一个顾客找妈妈。妈妈二话不说就赶去了店里，让我自己看电影。妈妈又一次无视了我，完全没有把我放在心上。在偌大的商场里，似乎只有我一个人，在那儿独自哭泣。

在这欢快的童年，我得不到满满的母爱，我憎恨命运对我的不公，同时我又在努力地使母亲对我刮目相看。我还小，可我却只能在别人沐浴母爱阳光之时，像朵纤弱的小花一般默默地独自长大。

我多么努力呀，却一直得不到妈妈对我的关注。很无奈，我该怎么办？

阳光姐姐，愿幸福缠绕你一辈子！

孤独的泪珠 小吴

惜呆兔咪
圆桌会议

付出了努力却不被妈妈认可和关注，这可真是一件痛苦的事情啊！
不！不！不！兔子，你可不能因为小吴同学和你一样是学霸就偏袒他哦！妈妈看到小吴的成绩也是很开心的嘛！说明她对儿子的努力是认可的。
嘿嘿，我似乎觉得，小吴同学有一点点脆弱呢。都是六年级的大男孩啦，却把自己形容成一朵脆弱的小花，哈哈哈！
可是……可是……男孩子也有脆弱敏感的一面嘛，感觉小吴的妈妈都要被别人抢走了哦，换作我，也会难过得哭起来的。
真是苦恼啊，阳光姐姐，小吴同学到底应该怎么办呢？

阳光姐姐的回信

嗨，小吴你好！你已经快要上初中啦，即将从小男孩成长为翩翩少年啦！阳光姐姐要恭喜你哦！当你逐渐长大的时候，你要学会擦掉眼泪，用冷静的态度来分析问题，解决问题。不是有句古话说“男儿有泪不轻弹”吗？所以，作为大男生的你，要更加勇敢一些哦！

你在信里说“总得不到妈妈的关注”，这句话我是不太同意的。你自己也说了，你在家里“不愁吃不愁喝”，这些难道不是说明了妈妈对你很周到的照顾吗？你取得优异成绩时，妈妈也特别高兴，答应陪你玩一整天，这同样说明，妈妈打心眼里为你的努力感到骄傲、欣喜。妈妈是关注你、爱你的，虽然她平时工作特别辛苦。

我想，你烦恼的真正来源，并不是妈妈对你的关注少，而是你过多地依赖妈妈。你已经长大了，并不是处处需要受到妈妈照顾的“乖宝宝”了。妈妈因为工作忙，来不及给你准备早餐，那就自己为自己做一顿美味可口的早餐吧！我相信，你的很多同学都是这么做的，可以用自己的双手为自己做简单的早餐甚至丰富的午餐,这并不是什么难事。你说妈妈对你的学习漠不关心，从小到大学习都是靠你自己一个人。可是，学习本来不就应该是你自己的事情吗?从事实来看，你的学习成绩非常不错，这说明你是个很棒的孩子，拥有很强的独立学习能力。如此看来，你并不需要事事依赖妈妈，对吗?

你在阳光姐姐心中是个很优秀的孩子，在妈妈的眼中更是如此。正因为这样，当你不礼貌地打断妈妈和朋友的谈话时，当你对妈妈大吼大叫时，妈妈才会那么生气，甚至动手打了你。妈妈打你的举动的确欠妥，不过事后冷静下来，我想你也一定发现了自己的行为有不当之处。阳光姐姐希望你也能多多交往一些好朋友，你们可以互相学习对方的优点，互相分享心事，互相陪伴成长。如此，你便不会再将所有的注意力都放在妈妈的身上，也不会再感到孤独啦。

祝愿纤弱的小花成长为坚强挺拔的大树!

成长故事袋

那天，女孩又跟妈妈吵架了，妈妈不停地夸赞邻居家的孩子，数落着她："邻居家的女儿学习是那么用功，是那么听话懂事，你怎么不能像她一样。"

"你这么喜欢她，去认她做女儿啊！"她激动地反驳。

"你这孩子，怎么这么说话啊！成绩不好，还不让人说啊？学习不用功，还有理了。"

一气之下，女孩转身跑出去。

一直漫无目的地走了很久，女孩发现自己饿了。前面有一家面摊，可是她搜了搜口袋，竟然没有带钱。女孩眼睛直盯着面摊，心里百味杂陈。

面摊的老婆婆看到了女孩,说"饿了吗?要吃什么呢?"

女孩吞吞吐吐地说:"不好意思,我身上没带钱。"

老婆婆说:"没关系,我请你吃碗馄饨吧。"说着,端来一碗刚煮好的,还冒着热气的馄饨和一盘小菜,放在桌上。女孩坐下来,吃着美味的馄饨,眼泪止不住地流下来。

"你怎么了?"老婆婆关切地问。

"我没事,我只是很感动!"她忙擦干眼泪,对面摊老婆婆说,"我们不认识,而你却对我这么好,愿意煮馄饨给我吃。可是我妈妈,她不喜欢我,她更喜欢邻居家的孩子,天天夸她多好,让我多跟她学学。我跟妈妈吵架,她竟然把我赶出来,还叫我不要再回去!"

老婆婆听了,沉默了一会儿,说:"孩子,你怎么能这么想呢?我只是给了你一碗馄饨,你就如此感激我。而你的妈妈不辞辛苦,任劳任怨,给你煮了那么多年的饭。你却没有感恩她,你觉得这是理所当然的。你说你妈妈爱别人家的孩子,那她给别人家孩子煮了很多年的饭了吗?"

女孩突然醒悟,她赶忙吃完馄饨,对老婆婆说:"我现在就回家跟妈妈道歉。"

当女孩走到家门口时，她看到母亲正在大门前张望。看到女孩的身影时，脸上露出止不住的喜色:“赶快回家吧，我做了你最爱吃的红烧排骨。再不回来，菜都要凉了。”

女孩的眼泪又流了下来。

有时候，我们习惯了妈妈对自己的好，便再也看不到她辛勤的付出，甚至还会对妈妈抱怨。所以不要再纠结于妈妈更爱别人家的孩子。她这样说，只不过希望你能多学学“别人家孩子”身上的优点，而他们的那些优点正是你所缺乏的。妈妈的初衷也是希望你可以变得更好，只不过有时候口气可能稍微重了一些，这点你应该体谅妈妈。

最关键的一点你毋须怀疑，她肯定还是最爱你的。

成长箴言笔记本

不要怀疑妈妈对你的爱，每一个母亲最爱的肯定是自己的孩子。不过，妈妈总爱念叨着的“别人家的孩子”，那只不过是对你的一种督促。

世界上有一种最美丽的声音，那便是母亲的呼唤。

——［意］但丁

全世界的母亲多么的相像！她们的心始终一样。每一个母亲都有一颗极为纯真的赤子之心。

——［美］惠特曼

世界上的一切光荣和骄傲，都来自母亲。

——［苏联］高尔基

心灵加油站

1. 妈妈会经常跟你分享她小时候的故事吗，你对这些故事有兴趣吗？（　）

A. 妈妈很喜欢说，而且我也很爱听。

B. 妈妈从没说过，但是我很想听。

C. 没注意，我不太感兴趣啦。

2. 你很反感妈妈将你同其他优秀的人作比较吗？（　）

A. 是的，庆幸的是她很少这样做。

B. 不是，她这样做是为了激励我。

C. 是的，而且我妈妈非常喜欢这样做。

3. 每年的母亲节，你会怎么为妈妈庆祝这个节日呢？（　）

A. 每次都会亲手准备一个特别的礼物。

B. 买一张贺卡送给妈妈。

C. 好像没庆祝过，就是跟妈妈说一声“节日快乐”。

结果分析

如果每一道题目，你的选项都是A，那么恭喜你呀，你的妈妈做得很棒，你也做得很好！如果B和C选得比较多，那么或许你和妈妈之间，需要增加一些亲子交流比较好哟。

有的人说“同一个世界，同一个老妈”。其实，妈妈的类型可是很多的呀！但是不管是怎样的老妈，爱子女的心都是一样的。

苦恼来信

老爸涨工资啦

亲爱的阳光姐姐，我其实一直都很想问您一个问题：钱对于我们来说有多重要呢？

其实在很久很久以前，我觉得钱特别重要。因为钱可以买到很多东西：美味的巧克力、漂亮的花裙子、神奇的玩具熊……

但那时候，我们家不太富裕，爸爸妈妈给我的零花钱很少。有时候，我想要吃好吃的冰激凌，一摸口袋却只有五毛钱的时候，我就在想要是有数不尽的钱就好了,这样就能买一切我想要的了。

也许是老天听到了我的祷告，知道我对冰激凌的渴望有多强烈。有一天，爸爸说，单位给他升了职，每个月的工资涨了很多，而且年底的奖金和分红也大大增加了！

我问爸爸增加了多少钱，他咧着嘴大笑，露出了白灿灿的牙齿：“你数不清的钱！”

于是我知道了，爸爸赚了很多很多钱，以后我就有吃不完的冰激凌，买不完的花裙子了。

爸爸说有了钱，我和姐姐就可以无忧无虑地去念大学，甚至出国留学。我高兴坏了。

姐姐立即把她衣柜里的破旧衣服收拾出来，说不要啦，要为美美的新衣服腾出位置。我也效仿姐姐，把一直想换掉的鞋和玩具都扔了。

当时我们一家好开心啊，为了庆祝这份天降之喜，爸爸立即带我们去吃了牛排。我长这么大，还是第一次吃牛排。爸爸举起酒杯，眼睛里全是幸福的笑容，说道：“以后天天带你们来吃。”

吃完了饭，我们就去游乐园玩。之前因为门票很贵，我只来过一次，而且很多项目都没有玩。但那天我坐了海盗船、摩天轮、大摆锤……在过山车上，我和姐姐尽情地大叫，一方面是因为突然升高的恐惧，一方面又夹杂着巨大的惊喜和快乐。

那一天，我觉得是我人生中最快乐的时光。

乱七八糟的家

是的，那一天才是我最快乐的时光。一开始我还沉浸在有钱的快乐中，但渐渐地，我发觉什么不对劲了，家里的氛围变得奇怪起来。

以前我们一家特别幸福，洋溢着温暖和快乐。每天都有妈妈的问候，爸爸的鼓励，以及姐姐的支持。可是最近一段时间，爸爸每天都回来很晚，而且还是喝醉了的样子。

妈妈一看爸爸大醉，就不停地骂，因为爸爸会把家里吐得乱糟糟的。但第二天，他还是会早早出门，然后很晚才回来，仿佛不愿意在家里多待一秒钟似的。

就连周末，他也不带我和姐姐出去玩了，而是自己一个人出去花天酒地，甚至迷上了赌博。爸妈争吵的次数也变得多了起来，偶尔隔着房门，我和姐姐都能听出他们吵得很激烈，内容多是有关于钱。

记得很清楚，那天下了蒙蒙细雨。我在学校大门口等了很久，都没有人来接我。

要是平时他们肯定会来的，甚至有一年冬天下着暴雪，下午放学的时候，他们三个人居然全都来了。爸爸是从单位赶来的，妈妈是从家里赶来的，姐姐是从学校赶来的。当时我们四个人在学校门口一起放声大笑，虽然大家都冷得瑟瑟发抖，但那一刻的幸福是从心底一直蔓延到眼睛里的。

天快黑了，我不能再等下去，只好冒着雨往家走。路上的行人都看着我，因为我身上全湿透了，裤腿上全是脏兮兮的泥巴。好不容易回到家，我有点儿闹脾气，想质问爸爸妈妈和姐姐为什么都不去接我。

就在我“兴致勃勃”想闹出一场“小战斗”时，

一打开门，却发现家里一片狼藉，花瓶碎了一地。妈妈坐在沙发上埋着头。

我好像知道了什么，通过她轻微抖动的肩膀，我知道她很难受，妈妈哭了。

那一刻，从前的温馨全部毁了，家里飘散着一股不幸福的滋味。

钱让我们不再幸福

我坐在妈妈身边，屋子里很安静，只听见时钟的滴答滴答声。过了好久，妈妈止住了哭泣，她轻轻叹了一口气，和我说起事情的起因。我才知道，原来是爸爸突然回家，因为钱的事和妈妈大吵起来，言辞非常激烈，争吵中，爸爸气得推了妈妈一下。姐姐怕妈妈受伤，赶紧过来帮妈妈，推推搡搡之间，爸爸怒火攻心，狠狠打了姐姐一巴掌。

姐姐伤心之下离家出走了，妈妈找了她一下午都没找到。爸爸也不管姐姐，说这么大人了不会出什么事的，依然自顾自地出去玩了。

我和妈妈在焦虑和担心中度过了两天，之后接到了姐姐打来的电话，她说："我现在住在朋友家，暂时不回家了，那个家回去也没有什么意义。"

有一天我走在路上，一对父母牵着两个小孩从我身边经过。似乎是孩子爸爸说了什么好笑的事情，他们一家四口开怀大笑，一个小朋友甚至捂着肚子说："爸爸你太搞笑啦！"那笑容在阳光下璀璨夺目，却刺痛了我的眼睛。

我赶紧低下头，想大步离开，心里想着：以前我们家也是这样的，可是现在一切都回不去了。

以前我的爸爸是个乐观朴实的人，他辛勤工作，省吃俭用，就是为了我们这个家能够越来越好。可是现在，他虽然赚的钱多了，却被金钱蒙蔽了双眼，再也不是我认识的那个爸爸了。

钱不仅改变了爸爸的一切，也改变了我们每一个人。妈妈每天郁郁寡欢，在家里唉声叹气；姐姐依然漂泊在外面，不愿意回家；我每天都生活在怨恨中，我怨恨钱，都是钱这个很坏很坏的东西，毁坏了我们这个幸福的四口之家。我发誓从此以后不再理会爸爸，我要花光他所有的钱，等到他变成一个穷光蛋，他就会对自己所做的事后悔了！

阳光姐姐，现在我再也不觉得钱是一个好东西了，可是我们再也回不到当初那个幸福的模样了，我该怎么办呢？

痛苦的洁如

惜呆兔咪圆桌会议

唉……我现在好纠结呀!
是不是在思考钱到底是好是坏?
对呀，以前我觉得钱是这个世界上最好的东西，钱虽不是万能的，但没有钱是万万不能的。但看了洁如的烦恼来信，我也开始困惑了，钱到底是好是坏呢?
钱当然很好啦，你没听说过一句话吗?有钱能使鬼推磨!
你就别误导其他小朋友啦，我觉得钱不好，因为很多人都是有了钱就变坏了。
也不能这么说吧，也有些人原本就是坏人，并不是钱造成的。

对呀，你们看，洁如一家一开始不也是因为钱，才过上了富裕幸福的生活吗？
那说明钱还是一个好东西？
可是洁如的爸爸却因为钱，变成一个不负责任的人了。
那说明钱是一个坏东西？哎呀，真纠结……
还是让阳光姐姐来给我们出主意吧！

阳光姐姐的回信

读了你的来信,我忍不住一直在叹气,原本温馨的家庭,因为钱的原因，丧失了原本的幸福，这是一件多么可惜和痛心的事情啊！亲爱的洁如，虽然你在这次家庭变故中受到了伤害，但是你仍然很爱你的爸爸、妈妈、姐姐，在伤心难过的时候，仍在积极寻找办法解决问题，你是个非常懂事的好孩子。

阳光姐姐首先想告诉你的是，金钱本身并没有好坏之分，它并不是让你家庭产生变故的罪魁祸首，我希望你能明白这一点，不要对金钱产生错误的观念。金钱是生活中必不可少的元素，生活所需的柴米油盐，学习所需的必要开支，都要靠金钱来支付。

金钱可以让人们拥有良好的物质条件，爸爸妈妈用金钱送你去上学，教育你成为一名拥有美好品质、丰富知识的孩子。所以，只要金钱使用合理，它是让生活变得幸福美好的工具。相反，如果金钱使用不当，人们则会迷失于金钱之中，失去人生的尊严和意义。阳光姐姐希望你能用正确的心态对待金钱。

你的爸爸本质上是爱你，爱这个家的。你可以将自己的感受说给爸爸听，好好地与他谈一谈。也可以寻求爷爷、奶奶等大人们的帮助，发动家人一起来帮助爸爸，重新寻回原本幸福的家。

亲爱的洁如，希望你不要被这件事吓倒，更不要因为这件事变得心神不宁，影响了学习。通过这件事你要明白，你要专注于自己的学业，让自己变得更加优秀，更加强大，才能帮助家人，帮助自己坚守住幸福。这个世界上没有谁是可以完全依赖的，包括你的爸爸。大人们也会常常犯错误，你要努力排除一些不好的干扰，努力做一个健康、勇敢、诚实、上进的人。加油吧！

成长故事袋

从前有个富人，在赚到越来越多的钱后，他想，我有了这么多的钱，我得去尽情地享受生活。于是他每天过得声色犬马，夜夜笙歌。

但渐渐地，他觉得自己越来越不快乐，因为父母子女渐渐疏离他，朋友也不愿意再跟他来往。他变得郁郁寡欢，再多的财富也不能让他快乐起来。

于是有一天，他去拜访一位哲学家，请教他为什么自己在有钱后，却变得更加狭隘了。

哲学家什么也没说，把他带到了窗前问他：“告诉我，你从窗子向外看，看到了什么？”

富人透过明亮的窗子，看到了熙熙攘攘的人群、林立的高楼，以及郁郁葱葱的大树。他说：“我看到了外面的世界。”

哲学家点点头，又将他带到一面镜子前，问：“现在呢，你看到了什么？”

富人从镜子里看到了自己，笔挺的西装，崭新发亮的皮鞋，穿着奢侈，但是却满脸憔悴，他说：“我看到了我自己。”

哲学家微微一笑：“窗子和镜子都是玻璃做的，为什么你看到了两种完全不同的景象？”

富人皱起眉，他试着用物理知识回答：“因为镜子后面镀了一层水银？”

哲学家用手摸着镜子后面的镀银，点点头说：“对，区别只在于镜子多了一层薄薄的水银，但就是这一点儿水银，便让你只看到了自己，而看不到整个世界了。”

在这个故事里，水银代表着金钱，而镜子就是被金钱蒙蔽后的双眼。富人有太多太多的金钱，从此他的眼里再也看不到这个世界，所以才变得狭隘。金钱永远是物质的载体，它为我们服务，没有它是不行的，但过重地看重金钱，也就失去了生活原本的意义。

世界首富比尔·盖茨就深知这个道理，所以他从未因为金钱而迷失自己。

比尔·盖茨是一个非常特别的人。他不喜欢奢侈的生活方式，对待金钱的态度，永远是不过分看中与依赖。对他而言，创业只是漫长人生中的一段旅途，财富的多少也仅仅只是一个数字。他曾经说过："我不是为钱而工作，钱让我很累，我是在享受生活的乐趣。"

"我只是这笔财富的看管人，我需要找到最合适的方式来使用它，而不是一味地挥霍它。"这就是比尔·盖茨对金钱的看法。

比尔·盖茨不仅对金钱的心态良好，在理财方面也充满着智慧。和所有企业家一样，他也在进行投资。比尔·盖茨总是告诉身边的人，自己努力工作并不只是为了钱。对待这笔巨大的财富，他从没有想过要如何享用它们，相反在使用这些钱时却很慎重。在实际生活中，他不会因为钱，就改变原本的生活方式，他始终认为一个人不能因为钱而失去自己的本色。

他讨厌那些喜欢用钱摆阔气的人，他从没过着前呼后拥的生活，与之相反，他更喜欢自由自在地独立与人交往。

甚至见到熟人时，还像从前一样热情地与他们打招呼：“嗨，你好，让我们去吃个热狗如何？”

有一次，一个年轻富豪给比尔·盖茨写了一封信，向他说出了自己长久以来的困惑：

“我从穷人变成一个富豪，我每天都很享受金钱带来的快感，可是现在除了花钱，我不知道人生目标在哪里。你是如何做到拥有那么多钱，还不为之困惑呢？”

比尔·盖茨给他回了一封很长的信，其中一段是这么说的：

“我每天早上六点起床，洗漱完毕后，出去跑步，偶尔下雨就在院子里散散步。然后去公司看我的股票收益如何。晚上六点回家，吃过晚饭，我会将盘子洗干净，并将厨房整理一下，我迷恋这种运动，它让我非常快乐。之后我会听一段音乐，看看财经方面的书。晚上十点我到床上休息，入睡之前，我心里想到：老天啊，今天我的银行卡里又多了一大笔财富，可是我仍然保持着最开始生活的模样，这样真叫人快乐。

“你应该拥有钱，而不是钱拥有你。你应该使用钱，而不应当被钱奴役。在我看来，钱只是一张张纸或者一个符号，这个符号每天呈几何倍地增长，可那又怎样？我为什么要因为这几个符号，让自己堕落，从而坠入无边的贪婪中？金钱就如同菜里的盐一样，盐少了，菜就会淡而无味；盐多了，菜就会苦咸难咽。恰到好处，滋味无穷。”

比尔·盖茨知道，无论自己有多少钱，面对金钱的心态才是最重要的。金钱并不直接等同于幸福。怎样对待它，才决定我们生命的幸福指数。

“取之有道，用之有度”，就是要学会挣钱，合理地花钱，对钱永远保持着一颗豁达的心，这样我们的人生才会变得更有意义。聪明的你，一定会对金钱保持良好的心态吧？千万不要被它蒙蔽了双眼啊！

成长箴言笔记本

其实，金钱有时候是一种催化剂，使堕落的人更堕落，高尚的人更高尚。我们不能成为金钱的奴隶，而要保持本心，做它的主人。

金钱是一种有用的东西，但是，只有在你觉得知足的时候，它才会带给你快乐，否则的话，它除了给你烦恼和妒忌之外，毫无任何积极的意义。

——席慕蓉

能约束自己的人，最有威信。

——［古罗马］塞涅卡

金钱可以是许多东西的外壳，却不是里面的果实。

——［挪威］易卜生

心灵加油站

1. 你必须写封短信，手边正好有张大纸，你将这么做（ ）

A. 把纸撕一半写信。

B. 以较大的间隔写信。

C. 根本就不考虑这类问题 。

2. 一不小心，掉下了几枚硬币，骨碌到不易取出的地方，你将（ ）

A. 尽量把钱一一捡回，不怕费时费力。

B. 深感惋惜，但因怕费时只寻找那些好取的。

C. 毫不在意，一走了之。

3. 同学请你吃饭，你（ ）

A. 吃不完打包带走。

B. 尽量多吃，不怕撑着，以免浪费。

C. 按自己的口味猛点，不管能不能吃完。

结果分析 选项 A、B、C 分别对应 2 分、1 分、0 分。

0 分或 1 分，你有点儿浪费的倾向，在花钱上表现轻率，所以今后应该懂得学会珍惜。

2~4 分，祝贺你！你对待金钱非常理智。

5 分或 6 分，你还蛮喜欢钱的呢，不过还是得慢慢弄清：钱究竟是干什么用的？

钱的确是我们生存必不可少的东西，所以树立正确的金钱观就很重要而且必要了呀！

我的亲亲“鹿爸爸”

如果你问我，在这个世界上，最不能失去的人是谁，我不用思考就可以告诉你：是我爸爸呀！

我觉得，我爸爸一定是世界上最温柔的爸爸！

我有个调皮同桌，是个男生，外号“霸王龙”。霸王龙最擅长的就是捣蛋，他爸爸最擅长的，就是在他捣蛋过后，把他的屁股打开花，哈哈！神气活现的霸王龙一看到他爸爸，顿时就变乖了，两手贴在大腿上，走路都不敢发出声音。他爸爸是真凶，我们都不敢直接看他的眼睛——会吓死人！

没有对比就没有伤害，霸王龙的爸爸是一只会喷火的巨龙，我爸爸和他比，简直是温柔的“鹿爸爸”噢！我做错了事，我的鹿爸爸不会瞬间变脸，而是把我揽到怀里，给我讲道理。他的“教训”像舒服的微风，永远都让你觉得亲切。被微风一吹，我就知道自己错在哪里，自觉地愿意改正啦。

我的好朋友诺诺经常说她很羡慕我。她爸爸对她很严厉，每周雷打不动地送她去学书法。要是她哪一次心情浮躁，字写得不理想，她爸爸就要哇啦哇啦训上一大通，搞得好像她不是字没写好，而是抢了几家银行一样。

我的鹿爸爸呢，从来不强迫我学什么。只要是我感兴趣的东西，他都会无条件支持我。我想学轮滑，他就给我买了全套装备：一双轮滑鞋，护膝护肘，还有头盔。要是我摔倒了，他会第一个跑来扶我。我想学画画，他就给我买画纸、画笔、画架……我买了许多喜欢的画册，他也没有说我浪费钱。

唉，其实轮滑和画画，我学得都马马虎虎。这么一想，真是好对不起我的鹿爸爸呀！

世界上最幸福的一家

我的鹿爸爸那么好，好到我好害怕有一天他离我而去。以前，在我很小的时候，鹿爸爸出过一次小小的车祸，撞断了一条腿！我心疼得要命，总觉得他会死掉！我扑在医院病床上，哭着说："爸爸，你不要死。"结果大人们都哭笑不得。

现在我知道了，撞断一条腿并不会死，可是那也够痛苦的了呀。我不想鹿爸爸受一点儿痛苦。但是，每次想到很久很久以后，他总会离开我，我就会一秒钟掉下眼泪来。真的，我没有夸张。我的的确确非常非常害怕和他永别。

我这么偏爱鹿爸爸，妈妈每次都要吃醋。其实我妈妈也很爱我，只是她有个缺点——爱唠叨。所以，我总是被她的唠叨缠身，什么功课要怎么怎么样呀，要记得叠被子呀，不要乱吃不干净的东西呀……一被唠叨，我就嫌烦。

不过，当然啦，在我的心里，也很爱妈妈的。不仅爱她，我还佩服她！我妈妈会一种神奇的魔法——做衣服。她会自己设计好看的衣服，还能用缝纫机做出来哦！我有很多好看的裙子，都是我妈妈做的，世界上独此一件，哈哈哈哈！光凭这点，不知道有多少同学羡慕我啦！

我曾经觉得，我们是世界上最幸福的一家。

对，是“曾经”觉得。

因为，我发现了鹿爸爸和妈妈的一个秘密。

每个周末，我都会帮妈妈打扫卫生。那天，妈妈下楼取快递了，我就拿着抹布，擦大房间的衣柜。

我发誓，我不是故意翻抽屉的。如果时间往回倒流，我一定不会打开那个抽屉。

爸爸妈妈的秘密

因为，我看到了一个红色的大本本，我本来以为是爸爸妈妈的结婚证，结果仔细一看，上面写着：收养登记证。

收养登记证……我打开，看了几眼，就慌张地把它塞回抽屉，飞快地离开了房间。

我的脑子一片空白，好像有一个小人在里面大声地冲我叫："原来你是收养来的孩子呀！不是亲生的！"

"你是收养来的！你是收养来的！"

我的大脑里翻来覆去都是这句话。

妈妈拿快递回来了，我不敢出去，躲在房间里，假装看书。其实我连自己拿的是什么书都不知道。

和我相亲相爱的鹿爸爸和妈妈，原来……不是我的爸爸妈妈呀！

那我真正的爸爸妈妈呢？他们在哪里？他们为什么不要我了？我会不会有一天又再次见到他们，然后和他们一起生活，回到自己本来的家？

一想到这里，我突然很心痛。好像有人要把我从鹿爸爸和妈妈身边扯开，这很难受！

那天，鹿爸爸做了好吃的排骨汤，汤还没完全煮好，他就盛了一小碗，给我解馋。可是我在小房间里，心酸地喝着，眼泪都掉进了汤里。

鹿爸爸为什么对我这么好？我明明，不是他的女儿呀。

那……鹿爸爸没有孩子吗？

会不会他其实有自己的孩子，只是在其他的地方？说不定有一天，他自己的孩子会回来的，到那个时候，他就不是我一个人的鹿爸爸了！又说不定，到那个时候，他会去爱自己的孩子！我……我毕竟是收养来的啊！

我被自己的这些可怕想法吓到了。我告诉自己，不管我是怎么到这个家来的，鹿爸爸和妈妈对我的爱是真的，我对他们的爱也不会变……

可是……可是真相就像一大团乌云，笼罩在我的心头。不管我怎么说服自己，这团乌云都不肯散去。

我的世界，从此变成了阴天……

雨晨

惜呆兔咪 圆桌会议

好心痛啊！我不敢想象，要是有一天，我也发现我不是爸妈亲生的……
别担心，阿呆，看看你的外貌，再看看你爸的外貌，没有人会怀疑你不是亲生的……
哈哈哈哈……咪咪你太绝了！
别笑了，惜城，雨晨正伤心着呢。唉，朝夕相处的爸爸妈妈突然不是亲生的……一定感觉整个世界都要崩塌啦。
是啊，好像顿时陌生了起来。
可事实上，只有“是不是亲生”这个小小的事实发生了改变。雨晨和爸爸妈妈的过去、和他们的感情，都没有变。
对的，对的！

阳光姐姐的回信

雨晨，看到你和鹿爸爸以及妈妈的感情这么好，我真为你高兴！

同时，我也为你“被领养”的事实感到唏嘘——人生中就是有这么多意外。

世界上有很多被领养的孩子，有的是被亲生父母抛弃，有的是因为种种其他原因……我曾经看过一个很感人的故事。有一个男孩，刚出生时就患有先天性小儿麻痹症，被亲生父母扔在街边。别人看到这孩子生来残疾，都不愿意领养他，可是一对身患残疾的夫妇却毫不犹豫地把他抱回了家。虽然夫妇俩都身体不便，自己生活也并不宽裕，然而还是细心照料这个孩子，到了孩子上学的年纪，每天风雨无阻地接送他上学、放学。在养父母的照料下，男孩一天天平安健康地长大。一家人的生活其乐融融，非常幸福。夫妇俩说，这孩子虽然不是亲生的，然而和自己的亲生孩子并没有什么区别。

血缘关系是无法改变的，但是究竟什么是“父母”？

或许对于母亲来说，怀胎十月，足以让她对自己的孩子产生无法割舍的感情。但对孩子和爸爸妈妈来说，真正的、深刻的亲情牵绊，是你们自始至终的朝夕相处带来的。

也正因为如此，你和鹿爸爸才那么彼此深爱。这份爱，是你从未谋面的亲生父母根本无法企及的。

我建议你不要想太多，不要有多余的担心。毕竟，现在没有人要将你和爸爸妈妈分开，也没有人能将你们分开！就算有一天，你的亲生父母真的再次找到你，想与你相认，别害怕，也许你并不会失去一对父母，而是会增添一份亲情。如此想来，你会不会觉得比别人更幸运呢？

况且，在你的心里，谁是你更加深爱的父母，这个答案掌握在你自己的手里。

请看淡这个问题吧，鹿爸爸还是你的鹿爸爸，妈妈还是你的妈妈，什么都没有变。属于你的爱，一分一毫都不会少去。在这个世界上，有很多亲生父母对孩子都没有他们对你那么好，你是很幸福的。

那么，别让这命运的玩笑扰乱你的生活吧。它本来并不会起波澜的。

成长故事袋

一天，一个班里开展了一节演讲课。

老师说：“请大家轮流上来，说说自己的爸爸妈妈吧。”

一个平日里格外开朗，而且深受大家喜欢的学生杨婷婷，在这节演讲课上，把自己的“爸爸妈妈”对自己的爱说了出来。

暑假的时候，杨婷婷和爸爸妈妈一起去野外郊游，他们在草地上一边欣赏着四周的风景，一边享用着寿司和美味水果茶，准备就这样度过一个愉快的假日。

当时杨婷婷还在和爸爸妈妈一起玩着真心话大冒险，杨婷婷问他们的真心话是：“你们是不是真的爱我？”

爸爸妈妈不约而同地说：“当然爱，你是我们最爱的宝贝啊。”

杨婷婷笑着说不信，可是她话音

刚落下，草丛里忽然扑出来两只像人一般大的狼狗。两只狗估计是让食物的香味给诱惑了出来，猛地扑向手中拿着寿司卷的杨婷婷。看那锋利的爪子和尖利的獠牙，要是让它们咬上，恐怕是凶多吉少。

当时杨婷婷吓得愣在原地，心里头只有一个念头：怎么办，我要死了吗？我要死了吗？

可是，两只疯狗还没有咬上她，她的爸爸妈妈比她更快反应过来，一边朝着狗扑过去，一边大喊着："走开！别碰我女儿！"

两只疯狗当然不会那么容易被吓到，它们露出獠牙，眼看就要咬住杨婷婷的手了。但是，杨婷婷的妈妈扑了过去，猛地挡在了她的面前，用自己的手挡住了狗的嘴，而她的爸爸，也正在和另一只狗在搏斗。

当时的场面又惊悚又可怕，杨婷婷现在想起来，都觉得那是人生中最可怕的一次经历，她说："我要感谢我的爸爸妈妈，他们让我又重生了一次。"

同学们听后，纷纷为杨婷婷的爸爸妈妈鼓掌，有一个同学忽然张口说道："如果我遇到危险，我的爸爸妈妈也一定会飞身而出，救我于水深火热之中的，因为这是父母对我们的爱！”

杨婷婷笑了起来，没错，这就是父母之爱。但是，她又轻轻地开口说：“可是，我只是他们收养的孩子。”

所有的同学都沉默了，老师偷偷地抹泪了，她站到讲台上说：“婷婷同学，爱是不分血缘关系的，你的爸爸妈妈对你的爱，和所有父母对自己亲生孩子的爱没什么两样，都是那么深邃、真挚。你的爸爸妈妈的爱，甚至比有些亲生父母的爱还要伟大，你真幸运，遇到了最伟大的父爱和母爱。”

杨婷婷流着泪点点头，她说：“以前我会纠结我不是亲生的，我也总是质疑他们是不是真的喜欢我、爱我。在那次事故发生以前，我还经常幻想：如果能来一场爱的试验就好了。可是，现在的我一点儿都不想有什么爱的试验，我只希望我的爸爸妈妈一直都很好！”

就和杨婷婷的老师说的一样，有些父母对自己亲生孩子的爱都不及他们的一分。

前阵子有个新闻报道，一对年轻的父母生下了孩子后，因为孩子是个女儿，便不想养育她，偷偷地把她扔到了孤儿院门口。这个女孩后来被一对好心的父母收养了，养父母用心地培养孩子，孩子长大后，自己创业，事业有成，并且上了电视。

可是，就在这时候，以前扔下孩子的那对父母，从电视里看到了自己女儿，便拖家带口地再次找到她，对她说："你不应该孝顺那对和你没有血缘关系的养父母，应该孝顺我们啊，请每个月给我们一些生活费赡养我们吧，毕竟我们才是你的父母。"

这个女孩深知自己的成长和成功，完全归功于养父母的悉心照料和培养，她当然也知道感恩，于是她对亲生父母说："当年你们抛下我的时候，并没有考虑所谓的父母之爱，现在想要认回我，对不起，我的所有爱都给了我的养父母了。他们养育我，教育我，他们教我一切人生路上所需要的大道理，我爱他们，也感激他们。至于你们，我也感谢你们给了我生命，但是，请不要用血缘来绑架我，这样会显得父母之爱很廉价。"

那对父母被她说得脸红耳赤，明白自己抛弃她确实是有错在先，也就再也没有脸面去找她要钱了。但是，这个女孩还是尽了孩子应该尽的义务，逢年过节都会给二老送去关怀。

有句话说得好：爱不在身，在于心。

成长箴言笔记本

爱最可靠的来源，是我们的心。心之所向，便是爱之所生。

父母和子女，是彼此赠与的最佳礼物。

——［德］维斯冠

要用希望孩子对待你的方式去对待父母。

——［古希腊］苏格拉底

心灵加油站

1. 妈妈为你做了一顿丰盛的午餐，你会大声地向妈妈表达感谢吗？（ ）

A. 会的，每次妈妈为我做了很辛苦的事情，我都会感谢妈妈！

B. 虽然不会表达出来，但是在心里觉得很温暖，很感谢妈妈。

C. 不会，妈妈给孩子做饭不是应该的嘛，我自己还不会做饭呢！

2. 爸爸每天都会去接你放学，但是突然有一天，他没来接你，也没提前告诉你，你会生气吗？（ ）

A. 不会，爸爸这次没来可能是有什么急事吧。

B. 有一点点生气，但是想到爸爸工作那么辛苦，还是不气了吧！

C. 当然生气！爸爸应该提前告诉我的！

3. 你觉得爸爸妈妈照顾你，你会持怎样的态度？（ ）

A. 应该充满感激，感恩爸爸妈妈给我的一切。

B. 没有什么特别的感觉。

C. 理所应当地享受。

选项A、B、C分别对应2分、1分、0分，最后得到的总分，代表着你对爸爸妈妈的爱有多强烈。

虽然只是个小小的测试，但或许也能让我们好好想一想，我们有多关心爸爸妈妈呢？